EXTRAORDINARY CLOUDS

驚くべき
雲の科学

[解説] リチャード・ハンブリン
[制作協力] 英国気象局
[訳] 村井昭夫

草思社

序文

　雲は最も数多く写真に撮られてきた自然現象であり、大気について学ぶためのモチベーションを私に与え続けてくれる。

　私はこれまで長い間、南太平洋を含む世界中の熱帯や山岳地域で、多様な雲たちの姿を興奮と畏敬の気持ちを抱きながら観察してきた。本書には、さまざまな地域・場所から撮影された、目を見張るような美しい雲たちの姿が収められている。

　飛行機による旅行は、わずかな時間とはいえ、上方から興味深い雲の姿を見る機会を与えてくれる。また、本書でも紹介しているように、衛星技術の進歩は遥か上空からそのすばらしい細部構造を見下ろすという、新しく魅力的な視点をもたらしてくれた。私自身、英国気象局・オペレーション・ディレクターという仕事の中で、雲の発達および変化を理解するために衛星画像を動画化して利用してきた。衛星からの雲の観測は、多くの人たちが思っている以上に、私たちが「天気の支配下にある」のだということを教えてくれる。

　冬、灰色の層雲によって私たちの気持ちは沈み、太陽へのあこがれは膨らむ。夏の明るい積雲や巻雲を見つけて感情は高揚する。サンダーストームの気配で空気の陰鬱さを感じる一方、私はいまだに成長しつつある積乱雲や高積雲の混沌とした姿を見ると興奮で思わず体がふるえる。私にとってはすべての雲が驚くべきものだ。なぜなら、この惑星の大気が動き働くさまを視覚的に示しているからである。

　写真撮影に関しての私のスキルは大変乏しく、本書に収められた劇的な写真の撮影者たちに対して、賞賛の気持ちを抑えられない。私は穏やかなものから激しいものまですべての写真について、そのような条件を作り出す気象パターンを想像しながら鑑賞させてもらった。

　あなたにも、私と同じくらい本書を楽しんでもらえますように。

キース・グローブズ
(英国気象局　オペレーション・ディレクター)

序文　2
イントロダクション　7

1 雲を上から見る　10

雲の大洋　12
人口希薄地帯のロール雲　13
低い雲塊の縁　14
南インド洋を覆う波状雲　16
アラスカの「雲の道」　17
宇宙から見た雷雲　18
土ぼこりと渦を巻く雲　20
カーボベルデ諸島上空のカルマン渦　21
雲の中のジャングル　22
エジプト上空のジェット気流雲　24
太平洋上空の雲　25
カルマン渦の雲　26
層積雲のオープン・セルとクローズド・セル　28
逆光に照らされた頭巾雲　29
上空から見るフォールストリーク・ホール（穴あき雲）　30
ハリケーン「カトリーナ」の内側　32

2 奇妙な形の雲　34

ストーム・クラウドの雲底にできた乳房雲　36
高積雲の衰退　38
渦巻く巻積雲　39
ピンク色のUFO　40
ふわふわしたピンク色のレンズ雲　41
マッキンリー山上のレンズ雲　42
渦巻くレンズ雲　44
巻雲の毛状雲　45
西オーストラリアのロール雲　46
ダスト・デビル＝塵旋風　48
リング状の飛行機雲　49
アララト山の上のキャップ・クラウド　50
巻雲の塔状雲　52
馬の背に乗った天使　53
ハワイのUFO　54
ケルビン－ヘルムホルツ波雲　56
高積雲の波状雲　57
ニュージーランドの積み重なるレンズ雲　58
地形性の高積雲　59
巻雲の羽根飾り　60

3 光の効果 62

黄金色の光環　64
上空から見た光輪　66
雹のシャワーと虹　67
飛行機雲の腕時計　68
ダブル・レインボー　70
虹色の頭巾雲　72
環天頂アークとフォールストリーク・ホール　73
夜光雲　74
虹色の巻積雲　76
青い空のハロ　77
真珠母雲　78
高積雲の彩雲　80
薄明光線　81
幻日をともなったアルプスのハロ　82
月のハロ　84
太陽柱　85
巻雲の彩雲　86

4 劇的な雲たち 88

空に浮かぶ銀色の波　90
モンタナ上空のスーパーセル　92
竜巻による稲光　93
パタゴニア上空のレンズ雲　94
躍る巻雲　96
ネブラスカ州リンカーンのウォール・クラウド　97
劇的なレンズ雲　98
海上のフォールストリーク・ホール　100
夕方のフォールストリーク・ホール　101
竜巻の誕生　102
ダスト・ウェイブ　104
突風前線（ガストフロント）　105
電気的荘厳美　106
ダスト・ストーム　108
白く長い雲の国　109
中西部の畑に現れた竜巻と稲光　110
「サソリの尾」の竜巻　112
ダスト・トルネード　113
皿状のスーパーセル　114
テキサス州パンハンドルの竜巻　116

5 人間によって作られた雲 118

煙状雲　120
楽譜の空 その1　121
ロケットの航跡の夜光雲　122
有刺鉄線のような飛行機雲　124
ウィング・クラウド　125
飛行機雲の影　126
熱積雲　127
上空からの煙状雲　128
楽譜の空 その2　130
プロペラ先端の渦　132
空中に浮く熱積雲　133
夕方の飛行機雲　134
スペースシャトルの飛行機雲　136
ドラゴンのような煙の輪　137
衝撃波の雲　138

写真クレジット　140
参考図書　141
謝辞　142
訳者あとがき　143

＊本文中の脚注はすべて訳者によるものである。

本文デザイン・DTP──Malpu Design（渡邉雄哉）

イントロダクション

　かの哲学者デカルトは1637年に「雲はたくさんの雪が密集してかたまったものにほかならない」と述べている。物質という面に限って言うならば、彼の言葉は正しい。ほとんどの雲は地表面から1km～10kmの高さの、数え切れない微小な核の周りに凝結してできた、氷や過冷却水滴が集まったものである。それらはさまざまな物理的な過程を経て形成される。またその寿命もさまざまで、わずか数秒から1分程度で消える飛行機雲などの人工の雲もあれば、巨大な湿潤空気層が上昇することで作られる層状の雲のように、数時間から数日にまでおよぶ寿命を持つものもある。

　しかし、地表から離れられない我々人間から見れば、雲は組成や物理的な環境条件といった単なる事実以上の存在である。雲たちは空をつねに変化させ続け、光や影、大きさや色彩などのようすを変えて、私たちに終わることのないショーを見せてくれる（ネイチャー・ライターのラルフ・ワルド・エマーソンは「上空にある究極のアートギャラリー」と表現している）。巨大な屋外展示スペースはすべての人々に開かれている。たとえアメリカで最も雲が少なく、おおらかなカリフォルニアのように、1年を通して青空に支配されている不幸な場所にでさえもだ。アメリカで最も青空に恵まれていることが自慢のカリフォルニアでは、一方で非常に多くの人々がセラピーを受けている。層積雲を見ることができないということ、シンプルな積雲の並雲や空を駆ける巻雲を見るためにひと月以上待たなければならないということが、どれだけ我々を滅入らせるか。紀元前5世紀、アテネの劇作家アリストファネスは、「雲は暇な者を擁護する女神であり、我々が知性、言葉、理性など、文明を可能にした要素を引き出したのは雲からである」と指摘している。人生から雲がなくなるということは、単に精巧な惑星のサーモスタットとして働く降雨の機能が失われて、物理的に耐えられなくなるというだけに留まらない。人を創造的な思考へと導く主たる動因の一つ、すなわち変化しやすく、群がって、頭上を絶えず漂い流れていく思考の泡を、我々から奪ってしまうことにもなる。

　本書は、光環やハロなどのような小スケールの光学現象から、無慈悲な破壊力をよそに、大気の最大能力が注ぎ込まれた壮大な眺めを生み出す、夏のハリケーンや竜巻のような大規模スペクタクルに至るまで、世界で最もレアで興味を惹く雲の諸現象を提示することを目的にしている。例えばp.32のハリケーン・カトリーナのアイウォールは、地

球上で最も力強い構造物であり、その雲のコイルは中心部周辺において時速150kmを超えるスピードで渦巻いている。p.102の竜巻の誕生の写真は、スーパーセル・サンダーストームが完全な竜巻になる瞬間をとらえており、メソサイクロンが地表に到達して土ぼこりと瓦礫の雲が音を立てて巻き上げられている。

　本書には「荒天と緊張」とでも言うべき多くの刺激的な現象が収録されているが、私のお気に入りはどちらかと言うと、p.80の壊れてしまいそうな虹色の高積雲の彩雲や、p.13にある移流霧の静かなロール雲がオーストラリアの夜明けの砂漠を横切って進むシーンのような、静かな現象である。これらの写真は両方とも雲鑑賞協会(The Cloud Appreciation Society＝CAS)の会員によって撮影されたもので、本書の写真のおよそ4分の1は同協会会員によるものである。雲鑑賞協会はオンライン上の雲好きのコミュニティーであり、2004年夏にギャヴィン・プレイター＝ピニーによって、本人の言葉を借りれば「ブルースカイ・シンキング＝『非現実的な思考』の陳腐さと闘うため」に設立された。世界中に13000人もの会員*と、増え続ける雲の写真のアーカイブを持ち(そのコレクションは現在4500枚以上になり、毎週新しい写真が増え続けている)、世界中の雲の研究者の重要な情報源となっている。自分が撮ったユニークな写真を協会のアーカイブに無償で提供しようというそのメンバーたちの意志は、雲がそれを見る者に善意の気持ちを起こさせているという証しでもある。p.73の写真はフォールストリーク・ホールが環天頂アークの七色の輝きに照らされている珍しい光景である。これはケンブリッジに拠点を置くジョン・ディードによって撮影されたもので、彼は9月のある寒い朝、息子をフットボールの練習に送ったときにこの光景に巡り合った。「息子がウォーミングアップしている間に、私は散歩をはじめた。ふと見上げると、雲に舌のような形をした大きな穴が開いていた。この穴自体、とても面白い現象だと思ったが、その穴の片方の端に『虹』があることに気付いた—後でそれは本当は『環天頂アーク』だと知ったのだが。そして、その周りをよく見ると、写真にははっきりとは写ってはいないが、さらに下に七色に光る第二の現象があった」。数日後、このレアでユニークな環天頂アークとハロ(あるいはタンジェント・アーク)を持ったフォールストリーク・ホールの写真は雲鑑賞協会のアーカイブに提供され、雲のコレクションに加えられた。

＊訳者注：
雲鑑賞協会のHP(http://cloudappreciationsociety.org/)によれば、2011年5月現在、その会員数は25000人を超えている。

もちろん、本書を作成する間には、これらの写真の信憑性についてどれだけ信頼がおけるか、という疑問が何度か持ち上がった。当初から、私の選択基準では操作されたり強調された写真は排除する方針であった。そのような手法は写真の持っている気象学的な価値を損なうものでしかないからである(本書は驚異的な雲のコレクションであって、驚異的なレタッチ技術のコレクションではないのだから)。本書に掲載した各写真の信頼性を確かにするためには大変な苦労をともなったが、私は本書中の雲には「画像処理されて作られた種の雲[Cumulus Photoshopppus:フォトショップ雲]」が存在しないことを自信を持って明言できる。p.90-91にあるアイオワ州シーダーラピッズ上空の波立った銀色の不気味な空でさえもである。この写真はB級のSF映画のシーンのようにも見えるが、写真は完全に信頼できるものだ。事実、この現象については何ダースもの写真が撮影されており、加えて地元のテレビ局KCRG-TV9のニュース番組でも撮影され、そのウェブサイト上で、本書のタイトルにしてもよく似合いそうな「この雲は何だ？(What Were Those Clouds?)」という見出しのもとで見ることができる。

　第1章の人工衛星からの写真のような、大きな距離を隔てて見るものであっても、あるいは第4章の暴れている竜巻たちの写真のように心地よいとは言えないほど眼前に迫ってくる現象であっても、雲たちはいつも私たちの注目に応えてくれる。というのも、雲に何も起こっていないと言える瞬間は決して存在しないからである。変わり続け動き続ける自然現象の中で最もダイナミックな構造物であり、普段は見ることができない荒れ狂う大気のプロセスを明らかにしてくれる。最も注目されない(冴えない)雲でさえも地球の状態を私たちに教えてくれるのだ。しかし、普通ではない雲や、それをもたらす予想もつかない空は、私たちの注意を惹き、そこに何か普通ではない、とんでもないことが起きているということを知らせてくれる。そして本書は、はかないダスト・デビルの小さな束から、宇宙から望む巨大な雷雲の雲頂の広がりまで、まさに「普通ではない」ものたちを楽しむためのものである。

驚くべき雲の世界へようこそ！

雲を上から見る
Clouds from the air

山頂から、飛行機の窓から、あるいは
地球のまわりを回っている人工衛星からでも、
私たちの大気を上から眺めると、
驚くべき姿が明らかになる。

雲の大洋

イングランド・グロスターのセヴァーン・バレーに入り込み、一面を覆った移流霧[*1]。移流霧は地表面の高さにある層雲[*2]で、暖かく湿った空気が海岸線の入り江などに滞留するときにできやすく、冷たい水面を通過する間に水蒸気が凝結して、靄（もや）や霧となる。写真の場合、空気塊が写真の上の部分にあって霧に覆い隠されている大きく広いセヴァーン川[*3]を通過することで生じたもので、地表での視程は数百m程度しかないと思われる。正確な定義では視程が1km未満のものを霧、それ以上を靄という。写真左下では、霧の波がセヴァーン・バレーの東側のコッツウォールドの絶壁にぶつかって砕けている。古代ローマンロードの小径にあるドームズデイ村を写真中央付近に見ることができる。

[*1] **移流霧**: 暖湿な空気が低温の海上や陸地を流れて、下から冷却されることで水蒸気が凝結してできる霧。日本では夏の三陸沖～北海道の東海岸に発生する海霧などがその代表的なもので、長く継続することがあるのが特徴。

[*2] **層雲**: 10種雲形のうち、地表付近～2000mと最も低いところにできる雲。高度が低いことで山腹にかかるようにできることが多く、霧雲とも呼ばれる。

[*3] **セヴァーン川**: 全長338km。プリンリモン山から始まり、ブリストル海峡にそそぐ。

人口希薄地帯のロール雲

西オーストラリアのマウントオーガスタス*1国立公園のゴールデンアウトバック*2を横切って進む移流霧のロール雲*3。この現象も前のページのものと同様のプロセス、つまり暖湿な空気塊が早朝の冷たく広い砂漠の上を流れることで露点まで冷却され、低い地表面上の層雲となったものである。写真家のサンディ・ボールターはこの夜明けの不思議な現象を「青い空、月、そして霧」と表現している。彼女は860mの砂岩でできたマウントオーガスタスの頂上からこの写真を撮影した。この岩は世界最大の一枚岩の称号を持ち、有名なウルル（エアーズロック）よりさらに巨大である。

*1 **マウントオーガスタス**：西オーストラリア州カーナーボンの東約350kmにある世界最大の一枚岩。長さ8kmで2番めに大きいエアーズロックの約2.5倍。周辺はマウントオーガスタス国立公園に指定されている。

*2 **ゴールデンアウトバック**：西オーストラリア州の内陸部に広がる、砂漠を中心とする広大な人口希薄地帯。

*3 **ロール雲**：層積雲などの下層の厚い雲（や霧）がいくつも巻物または丸い棒のように平行して並んでいるもの。水平な軸のまわりに回転する気流によって生じるとされる。

低い雲塊の縁

印象的な縁どりを見せて、層積雲塊が地中海の上空を毛布のように広く緩やかに覆っている。層積雲*は陸地や海洋の上に広がっているのを普通に目にすることができる、最も一般的な雲のひとつであり、多様な形や構造をとる。

この写真の層積雲は、平坦で大きく広がった「層状雲」と呼ばれる変種であり、下層の層雲の層が上昇気流によって持ち上げられるか、または分解されることで生じる。雲のシートが上昇すると、その後厚みを増して巨大になり、互いにくっついて濃密な厚い灰色の連続した層状となる。この写真のカーブを描く雲の縁どりは、ゆっくり進む寒冷前線の境界が見えているものである。

* **層積雲**: 10種雲形のうちのひとつ。高度500〜2000mの大気下層の、大きな塊状の雲片が層状に連なった雲。曇り空を作るため、くもり雲、またはうね雲、まだら雲とも呼ばれる。

南インド洋を覆う波状雲

地球上で最も人里離れた島のひとつ、アムステルダム島[*1]は、インド-オーストラリアプレートと南極プレートを分ける断層から立ち上がった火山の小さな先端である。島の標高はわずか881mしかないが、南インド洋を覆う下層の雲の配列に影響を与えることがある。湿った空気の層が島の上を通過して上昇・下降することで大気の波の波頭に乗った、細長く連続したレンズ雲を形成した。この雲の行列は島から風下に向かって移動しながら船の航跡のように数百kmにわたって広がり、北方にある積雲状の雲の塊と混ざりあっている。画像は2005年12月19日にNASAのテラ衛星[*2]に搭載された中分解能撮像分光放射計(MODIS)によって撮影されたもの。

[*1] **アムステルダム島**: 南インド洋の南緯38°・東経77°付近にあるフランス領の火山島。現在火山活動はない。島には持続的に西風が吹いている。

[*2] **テラ衛星**: NASAによって1999年に打ち上げられた、地球の大気・雲・氷雪・水・植生等のメカニズムの解明を目的とする地球観測衛星。

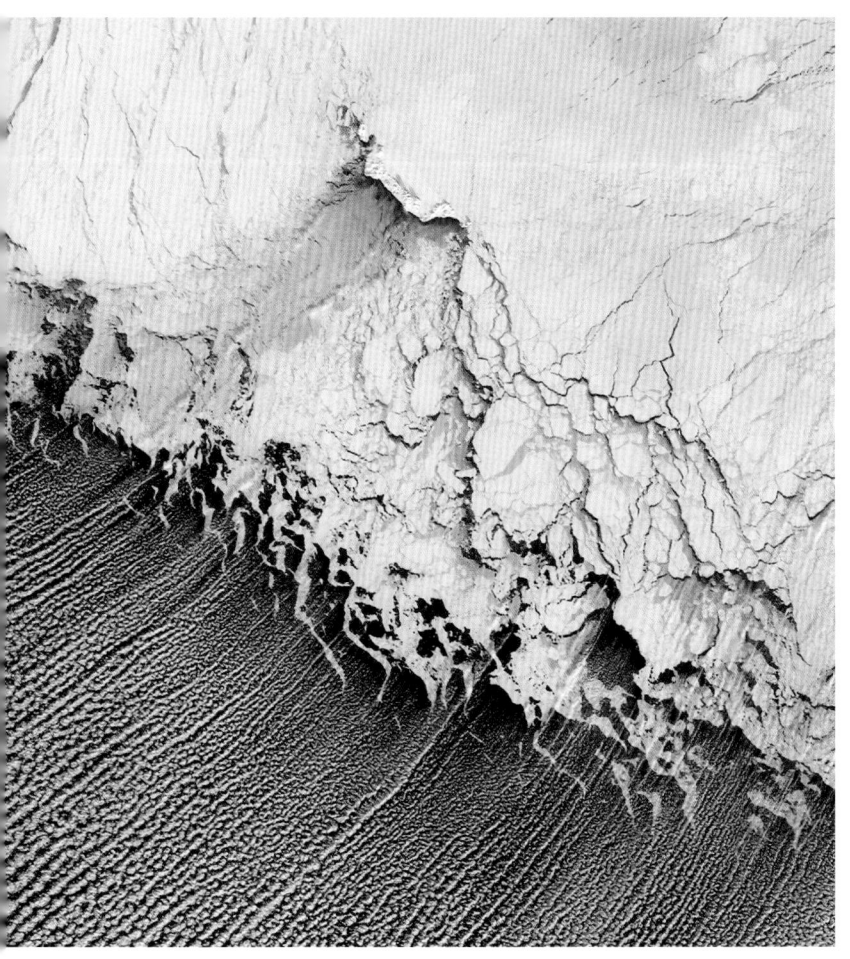

アラスカの「雲の道」

アラスカの沖合約320kmにある孤立した辺境の島、セントマシュー島[*1]近くのベーリング海を覆う海氷と、その西端から流れ出た小さな積雲[*2]の配列模様。ここに見られる「雲の道」は寒冷な空気の層が、相対的に暖かい海面（このケースではベーリング海の開放水面）を通過するときにできる。吹き出した寒冷な空気層は海面で暖められ上昇しはじめるが、その上の安定層が対流に蓋をする結果、気流は前方へ進行しながら低層で上昇と下降を繰り返して渦巻を作る。空気塊が上昇する場所では風向に平行なロール状の積雲対流の雲が発生するが、空気塊が下降する場所では雲がない。その結果、道のような長く続く平行な筋状の連続した雲列[*3]ができあがる。この画像は2006年1月20日にNASAのテラ衛星から撮影された。

*1　**セントマシュー島**：アラスカのベーリング海にある離島。島の最高点の標高は海抜450m。

*2　**積雲**：高度約500〜2000m付近にできる塊状の雲。雲頂部が盛り上がったシュークリームのような形状をしており、綿雲（わたぐも）とも呼ばれる。夏季には強い日射しによってこの雲が雄大雲や積乱雲などに発達することが多い。

*3　**平行な筋状の連続した雲列**：冬季に中国大陸からの北西の風で日本海にできる筋状の雲はこれと同じ種類の雲である。

宇宙から見た雷雲

写真中央左に、高くそびえる雷雲のかなとこ雲[*1]が長い影を落とし、広大な太平洋の雲景を横切っているのが見える。かなとこ雲の雲頂は、高度約15kmにある対流圏界面[*2]にぶつかって大きく広がっている。雷雲は熱帯の海洋上に大量に存在する暖湿な空気が太陽放射のために急激に上昇し、水蒸気が凝結してできたものである。凝結過程での大量の潜熱[*3]の放出が雲の中の気流をより激しいものにし、急激な雲の成長は時速150kmを超える上昇気流を生む。それほど激しくない暴風雨でさえ、地球上にあるどの核兵器よりも大きなエネルギーを持つ。この写真は2003年7月21日に高度約380kmの国際宇宙ステーションから撮影された。

[*1] **かなとこ雲**：積乱雲にだけに見られる雲の形状。大きく発達した積乱雲の雲頂部が水平に広がって「きのこ」や「傘」のようになったもの。全体の形状が金属細工などに使う「かなとこ」に似ているためこの名がある。

[*2] **対流圏界面**：大気最下層の対流圏とその上の成層圏との境界面。高度約10〜15kmにある。成層圏ではそこにあるオゾン層に太陽光が当たることで熱が発生するので、高度が高くなるにつれて温度が高くなる。そのため対流圏でできた雲は圏界面を超えて上昇することがほとんどできない。

[*3] **潜熱**：物質の状態が気体・液体・固体の間を変化するときに放出や吸収される熱エネルギーのこと。積乱雲などでは大気中の水蒸気が大量に液体の水になる際、潜熱が放出され、周囲の空気を暖める。これがさらに対流を加速して背の高い雲を作る。

1 雲を上から見る

土ぼこりと渦を巻く雲

風に飛ばされた土ぼこりと煙がアフリカ大陸北西岸のカーボベルデ諸島*に近づいている。下層の風が島から風下に流れ出る「雲の道」と「渦」の複雑な模様を作り出した。ここでいう「道」とは風が島々のまわりを縫うように進むときにできた、風と平行に帯状に並んだ積雲列のことである（p.17参照）。写真左下には「クローズド・セル」の雲塊がある。これは空気層が下層から温められ、上層から冷却されることによって対流が起きて、六角形状の配列模様となったものだ。クローズド・セルでは、雲の中央部で暖気が上昇、その周囲で寒気が沈み込むことで、特徴的な蜂の巣模様となる。この写真は2003年、テラ衛星の中分解能撮像分光放射計（MODIS）によるものである。

* **カーボベルデ諸島（ヴェルデ岬諸島）**：西アフリカ大陸部から約600kmの沖合いにある島々。15の島から構成され、最高峰はフォゴ島のピコ活火山（2829m）。

カーボベルデ諸島上空の カルマン渦

カーボベルデ諸島の上空を西へ向かって吹く風が、その通り道にある標高の高い火山によって乱され、渦巻模様となって、航跡のように並んでいる。「カルマン渦[*1]」として知られるこれらの渦の発生には毎秒5〜13mの風速と、同時に下層の温度逆転層[*2]（気温が高度と共に下がるのではなく上昇する空気層）が必要である。渦は数百kmにわたって交互に回転し、上空から特徴的なペイズリー模様となって見ることができる。この写真は2004年4月26日にNASAの衛星によって撮影された。

[*1] **カルマン渦**: 空気や液体などの流れの中に障害物を置いたとき、その障害物の後方に交互にできる渦の列のことをいう。この現象を研究したハンガリー出身の科学者カルマンにちなんでその名がある。日本付近では冬季の季節風によって済州島（韓国）の風下側（南東）によく見られる。

[*2] **温度逆転層**: 対流圏内では普通、気温は高度が上がるにつれて低くなる。しかし通常と異なり、高度の上昇にともない気温が逆に上昇していることがあり、このような空気の層を逆転層という。一般に温度の高い空気は密度が低いため上に移動し、対流が起こる。しかし、逆転層があるとその層では対流が止められるので、地表近くの大気が蓋をされたような状態となり、濃霧になったり、この写真のように低い雲が滞留することがある。

雲の中のジャングル

バリ島バトゥール山*¹の麓で渦巻く層雲の「霧状雲」*²を、巨大なお化けのような木々が貫いている。このようにジャングルに絡みつくように雲が発生することは、1年を通して湿潤な熱帯地域では珍しくない。2000年6月30日にこの写真を撮影したロジャー・コーラムは、夜明け前に熱せられ熱くなった巨礫と硫黄の噴出口に囲まれた斜面をよじ登った(バトゥール山はインドネシアに数多くある活火山のひとつなのだ)。「頂上近くで太陽が昇るのを待ちながら、私は太古からのジャングルの木々が低い雲と霧の中に浮かび上がって来るのを見下ろしていたんだ」

*1 **バトゥール山**: インドネシア共和国バリ島北東部の活火山。最近では2000年に噴火している。標高1717m。広大な火口原に火口湖バトゥール湖をたたえる。

*2 **霧状雲**: 輪郭がぼやけて雲とそれ以外の空との境目がはっきり区別できないような雲。巻層雲や層雲に見られる。

雲を上から見る

エジプト上空の
ジェット気流雲

ジェット気流は地表面から8〜11km、対流圏上層の空気の速い流れである。熱帯気団と寒帯気団に大きな温度差があることが原因で、これらの境界に沿って対流圏上層で強い気流が発生し、最高時速640kmものスピードで、曲がりくねりながら数千kmもの距離を流れる。通常、ジェット気流を目で見て確認することは不可能であるが、ときには流れの周辺に巻雲*が形成されることでその存在がわかるようになる。1966年11月、エジプト上空を通過中のジェミニ12号宇宙船によって撮影されたこの写真は、その素晴らしい例である。手前にはナイル川によって分割された、赤く染まった広大な砂漠が、向こう側には独特な形状をした紅海とシナイ半島が見える。

* **巻雲**: 10種雲形のひとつ。10種雲形の中で最も上層、5000m以上の上空にできる氷晶でできた雲。すじ雲、はね雲、しらす雲とも呼ばれ、繊維状の構造がはっきりとわかる筋状をしている。

太平洋上空の雲

地表から約1kmの高度で太平洋を低く覆う、大きく広がった層積雲の膜。この写真は1972年、高度260kmを飛行中のアポロ17号から撮影された。雲塊に割れ目ができているのは、上昇気流がやや弱い場所である。そのようすは写真右上に見える流れ出る積雲列とも併せ、この距離から見ると冬季の海氷とそっくりで、暖かい太平洋を覆う積雲状の雲のブランケットと言うよりは、むしろ南極半島*の航空写真のように見えてしまう。

* **南極半島**: 南極大陸にある半島。西南極の一部であり、西経70°から60°にかけての大きな半島。

カルマン渦の雲

2005年にNASAのテラ衛星によって得られたこの画像は、通称「狂う50°」*の風に1年を通して翻弄される南インド洋・南極域の火山、ハード島の風下にできたカルマン渦である。この無人島は1947年よりオーストラリア領となり、1997年からはユネスコの世界遺産となっている。
カルマン渦は障害物の周囲を流れる気流の動きが速いときにでき、下流に渦巻模様を作る。この写真の暗い部分は、雲の中の微水滴が繰り返し併合して、大きな水滴が形成されることによって水滴の間のスペースが広がり、多くの光が吸収されて暗く見えるようになったものである。

* **狂う50°**：南緯50°から60°にかけての古くから航海の難所として恐れられている領域の呼び名。陸地が少なく、洋上に絶えず強風が吹き荒れるためこう呼ばれる。

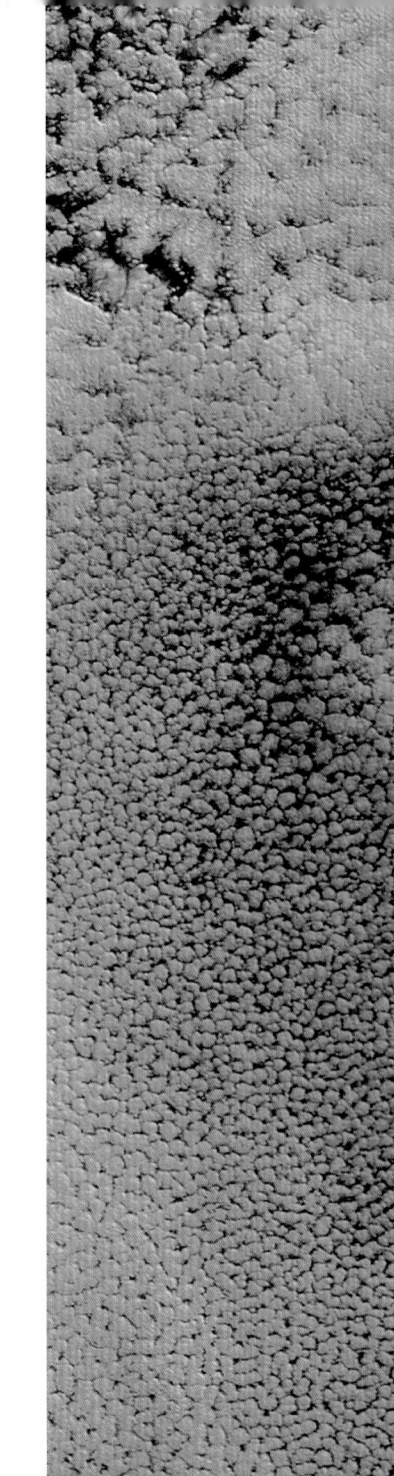

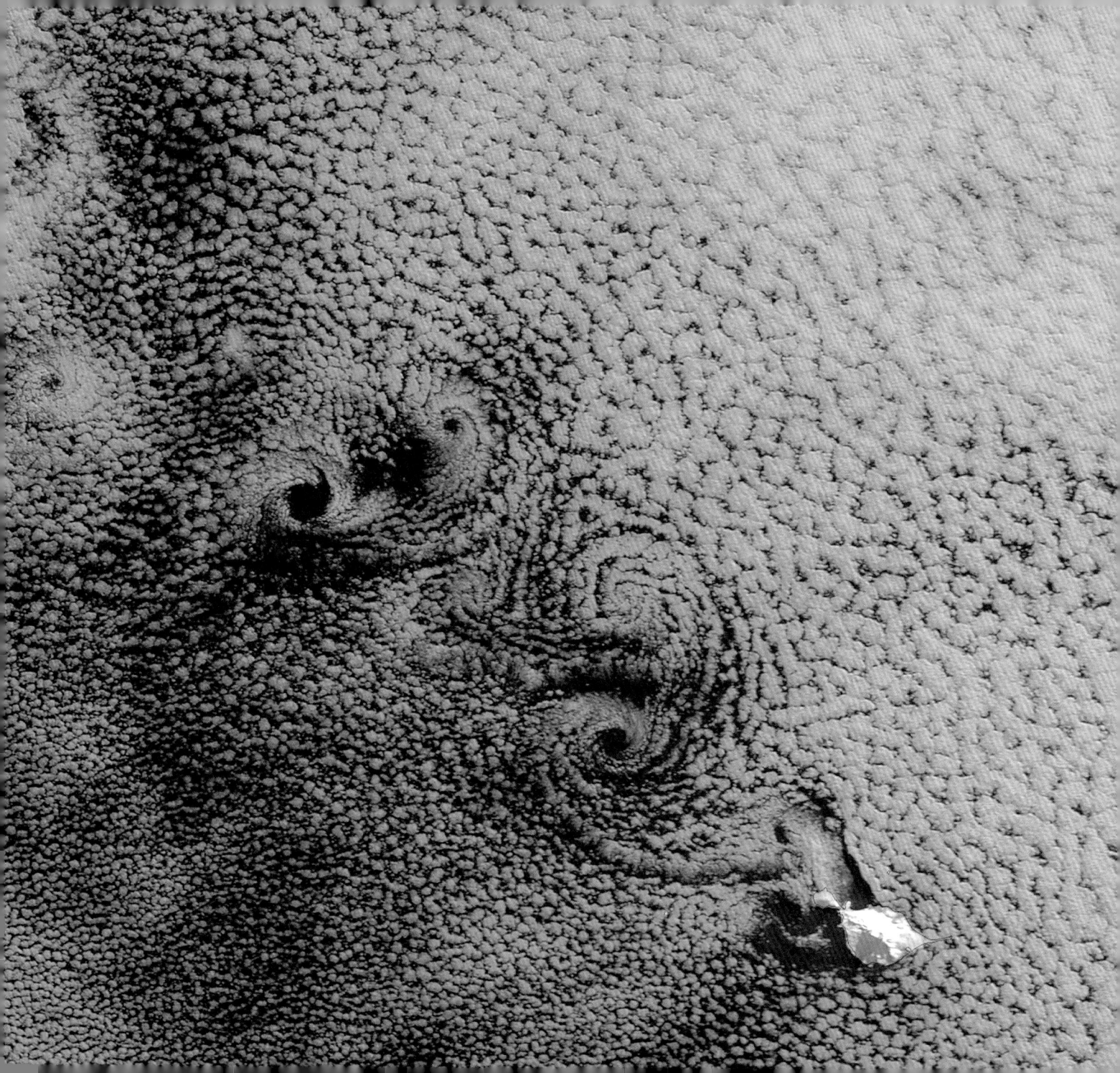

層積雲のオープン・セルとクローズド・セル

この写真には異なる2種の対流のシステムによってできた、オープン・セルとクローズド・セルと呼ばれる2種類の層積雲の配列が見られる。2002年8月16日、テラ衛星の中分解能撮像分光放射計によってカリフォルニアの海岸沖を撮影したもの。オープン・セル構造は寒冷な空気塊が雲の中央部で沈み込み、周囲で上昇することによってでき、写真中央に見られるよう、レース編みに似た真ん中が抜けたパターンを作る。対照的に、写真の周縁部にある六角形のクローズド・セルの雲はオープン・セルとは逆のプロセス、つまり暖気が雲の中央で急激に上昇し、縁あたりで下降することで、p.20と同様な蜂の巣構造のパターンを作る。

*1 **モルディブ諸島**: スリランカ南西のインド洋に浮かぶ26の環礁や約1200の島々からなる。このうち約200の島に人が居住している。

*2 **過冷却水滴**: 雲を作る微小な水滴は、-40℃までは過冷却水滴として存在し得ることが確かめられている。

逆光に照らされた頭巾雲

成長中の積雲の上には頭巾雲として知られる、平べったい層状の雲が浮かんでいることがある。モルディブ諸島*1で撮影されたこの写真には、逆光の中にその美しい姿を見ることができる。頭巾雲は、上昇する本体の雲の雲頂が、その上の湿潤な空気層を押し上げ、急激に凝結させることでできる付随的な雲で、過冷却水滴*2（0℃よりかなり温度が下がっても凍結せず液体状態の水滴）からできている。普通、この雲の寿命は短く、積乱雲が対流によって成長を続けて頭巾雲の層を突き抜け、頭巾雲を雲の塊の中に吸収してしまうことで終わる。

上空から見る
フォールストリーク・ホール（穴あき雲）

大きく広がった高積雲*が沈む太陽によって下方から照らされて、中央部に煮えたぎった溶岩の湖があるように見えている。この「湖」は、実は「フォールストリーク・ホール」と呼ばれるもので、過冷却水滴でできた雲が一部だけ急激に凍結し、できた氷の結晶が大きな穴を残して落下してしまうことによって生じる（過冷却水滴の雲は、氷点下よりかなり温度が下がっても液体の状態のまま残っている水滴から できた雲のこと）。p.100、p.101の写真もこれと同様の現象である。この珍しい1枚は細長いフォールストリーク・ホールの姿をそのわずか数km上空からとらえたものである。この写真は「仕事場の窓からの眺めを撮影するのが好きな」イタリア人パイロット、マルコ・リニーニによって撮影された。

＊ **高積雲**：対流圏中層2000〜5000mにできる、見かけの大きさ（視直径）が約1〜5°の雲片を持つ雲。たくさんの小さな塊状の雲片が群れをなして層を作るようすからひつじ雲とも呼ばれる。

1 雲を上から見る

ハリケーン「カトリーナ」の内側

2005年8月23日、南バハマ上空に熱帯低気圧が発生した。翌朝、それはハリケーン*1へと発達し「カトリーナ」と命名された。カトリーナが最初に上陸したのはマイアミで、そのときは時速120km（秒速33m）の風をともなったカテゴリー1のハリケーンだった。しかし、その後南に転進、メキシコ湾へ入ると風速は時速280km（秒速78m）のカテゴリー5へと発達した。カトリーナの「目」の内側からのこの写真は、このハリケーンがまだ海上に位置していた8月28日にWP-3Dオライオン観測機*2によって撮影されたものである。アメリカ海洋大気局（NOAA）はハリケーンの勢力や進路に関する情報を得るため、定期的にハリケーン内部へ観測機を送り込んでいる。渦巻くアイウォール周辺（ハリケーンの目の中心の周囲）は最も風が強く、この驚異的な写真が撮影されたときには風速が時速250km（秒速69m）を超えていた。

8月29日、再び上陸したカトリーナは、ルイジアナ州全土にわたりすさまじい被害を与え続け、ニューオリンズ周辺では50カ所以上の堤防を決壊させた。その翌日いっぱいでカトリーナは消滅したが、2000近い人命を奪い、500億ドル以上の保険損失をもたらした。カトリーナは史上最も大きな損害をもたらしたハリケーンとなったのである。

*1　**ハリケーン**：大西洋北部や太平洋北東部・北中部地域（西経180°以東の北太平洋）で発生した熱帯低気圧のうち、最大風速が64ノット（秒速約32m）以上になったもの。1分間の最大風速をもとに、カテゴリー1～5の5段階に分類される。

*2　**WP-3Dオライオン**：アメリカ海洋大気局（NOAA）所属の気象観測機。ハリケーン・ハンターとして運用中。

2

奇妙な形の雲
Strange Shapes

雲の形は、バラエティー豊かに変化する。
平行に並ぶ雲の列から混沌とした渦にいたるまで。
そして、中には本当にとても
奇妙な姿になるものも……。

ストーム・クラウドの雲底にできた乳房雲

乳房雲は通常、大きく広がった積乱雲のかなとこ雲の下面に現れ、不安定な天候や荒天と関連がある。しかし、ときには悪天候が過ぎ去ったずっと後の、比較的穏やかなコンディションのもとで見られる。その姿はストーム・クラウドの頂部近くの冷たく湿った空気が、急速に下降してコブを作った結果であり、雲底に下向きの丸い膨らみや小波を形作る。つまり、普通の雲は暖かい空気が上昇することでできるため積雲のように上方に盛り上がるが、この雲は普通とは逆の（下向きの）対流によって形成されたともいえる。その形状は驚くほど多様であり、数km四方もの空を覆う長くうねりのある波状のものもあれば、ずっと小さな領域で生じるほぼ球形の小袋のようなものもある。2004年6月にネブラスカ・ヘースチングスの大学体育館上空を覆ったこの乳房雲は、ねじれた球体状でなんとも不気味な姿を見せている。

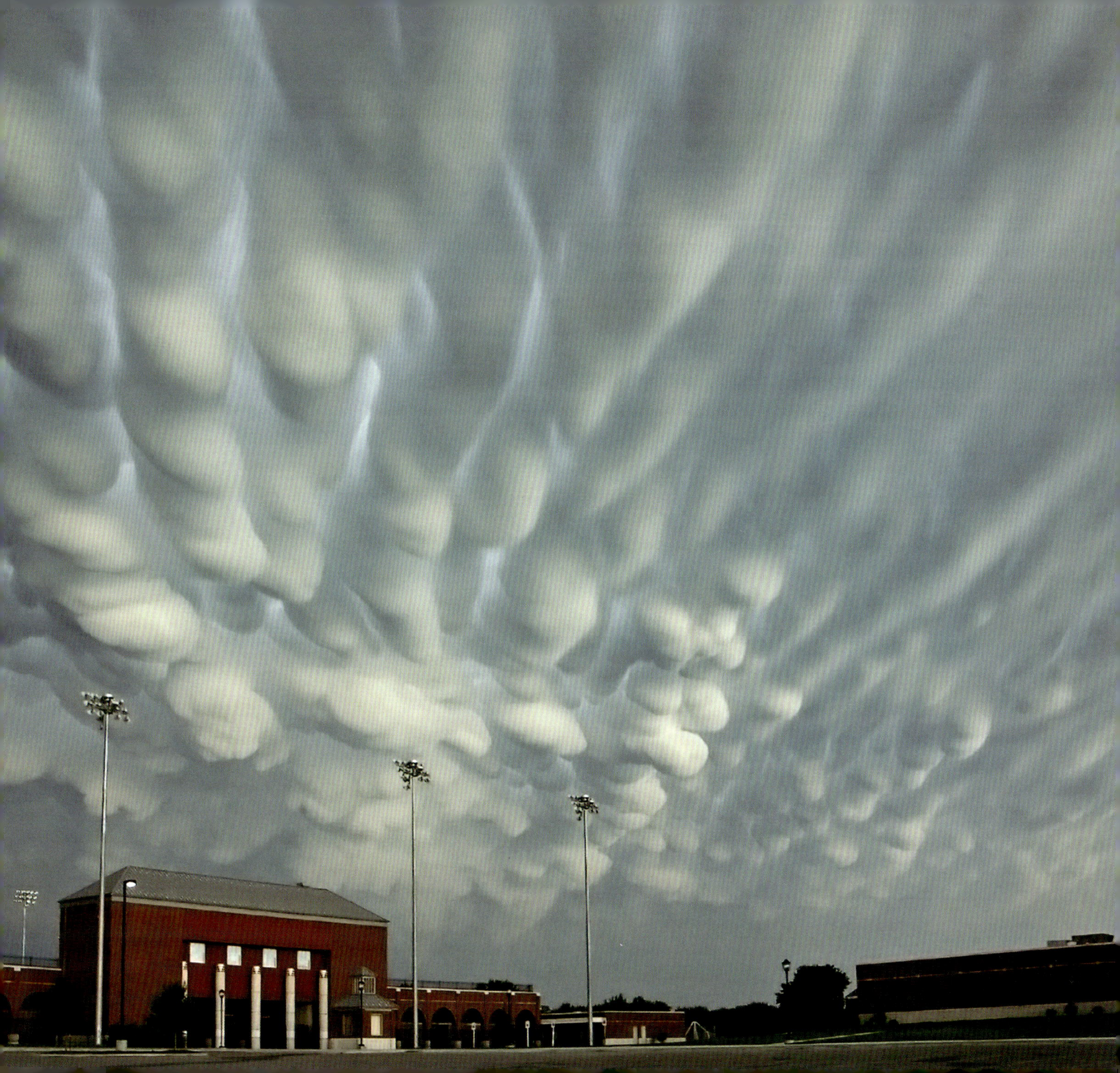

高積雲の衰退

空中に浮かぶ浮島の群れ。離ればなれの高積雲の雲片が、尾流雲（雲からの降水が途中で蒸発して地表に到達することができない状態のことをいう）となって、中に含んでいた水分をどんどん吐き出している。このようにして急速に姿を消していくこれらの雲のかけらは、もともとは高積雲の大きな塊であったのだろう。それが大気の流れの不安定さのためにばらばらになり、降下して下にある積雲群に加わる前に残骸となったものだと思われる。下層の雲は地表付近を吹く風によって整然と平行な列を作っている。この写真は定期航空路線パイロットのユルゲン・オステによって撮影された。

渦巻く巻積雲

ちょっと変わった形をした巻積雲*1の小片が群れを作って、スイスのヴィコソプラーノ*2上空のアルプスの空で躍っている。巻積雲は雲の中では比較的珍しいもののひとつで、高層の大気中で氷晶と過冷却水滴が混ざってできている。ブレガリア谷で撮影されたこの印象的な雲では、乱れた対流が高層の巻雲または巻層雲*3とぶつかり、雲中の氷晶の一部を過冷却水滴へと変化させたために壊れて、きめの粗い雲の小波になっている。巻積雲の雲片は不安定なコンディションで形成されるために、寿命が短いことが多く、薄くなって巻層雲へと変化するか、隣りの雲片と一体化して空全体を薄く覆う雲へ変化してしまう。広がったさざ波状の巻積雲の層状雲は、しばしば「さば雲」とたとえられ、荒天の前兆でもある。

*1 巻積雲: 高度5000～15000mにできる、氷の結晶(氷晶)でできた雲。白色で陰影のない非常に小さな雲片が多数の群れをなすようにできるため、そのようすからうろこ雲、鰯(いわし)雲、さば雲などとも呼ばれる。

*2 ヴィコソプラーノ: スイス・グラウビュンデン州、マロヤ地方の小さな町。

*3 巻層雲: 5000～15000mにできるベール状で、薄く白っぽい、陰影のない雲。空全体を薄く覆うことが多いことから「うす雲」ともいう。氷晶からできており、この雲にともなって太陽や月の周囲に「暈(かさ)」などの現象ができることが多い。

*1　**アルプハラ**：アンダルシア地方シエラネバダ山脈周辺に点在する、アラブ系を起源とする住民の集落群の地方名。スペイン名産の生ハムの産地。

*2　**定在波**：波形が進行せずその場に止まって振動しているように見える波動のこと。気流の定在波の頂上に雲ができると、その雲は空中に静止して動かないまま長時間存在する。

ピンク色のUFO

高積雲のレンズ雲が積み重なって、南スペインのアルプハラ*1上空に浮かび、沈む太陽の光によって色づいている。レンズ雲は山岳地域ではそれほど珍しくない光景であり、安定で湿った空気層が山岳地形の影響で上昇させられ、水蒸気が凝結することでできる。もし、このとき湿った空気と乾いた空気が交互に重なった層が存在すれば、雲が鉛直方向に重なることになる。気流は障害物を乗り越えた後いったん元の高さにもどるが、山地の風下側に定在波*2を形成、再び上昇し、そこにレンズ雲ができることがある。このようにしてできた雲はしばしばUFOと見間違えられる。

* **波状雲**: その名の通り、雲が波状、あるいはさざ波のように規則正しく縞状に列を作って並んでいる状態の雲。高さによる風向き、風速の違いが原因でできると考えられる。

ふわふわした
ピンク色のレンズ雲

南スペインのアルプハラ山上空の、p.40とは別のレンズ雲。このときは1枚の湿った空気層が高い障害物を乗り越えて下降することで、単層のアーモンド形の雲が1列に並んだ「波状雲」*ができた。レンズ雲は無数の微小な水滴でできており、普通は濃く不透明である。また、比較的安定な空気の流れで形成されるため、滑らかなことが多い。しかし、この写真では傾いた夕日に照らされた雲底がわずかに波立っていることから、気流に若干乱れがあることがわかる。

42

マッキンリー山上のレンズ雲

陶芸のろくろの上に載った粘土のようにも見える、1対の印象的なレンズ雲が北米大陸最高峰マッキンリー山の2つの山頂を覆い隠している。この現象は「une pile d'assiettes（フランス語で積み重なった皿という意味）」として知られており、乾燥空気と湿潤空気が交互に重なった太平洋北端からの気流が、アラスカの山地を越えることで起こるものである。気流が6194mの山頂を越えることで水分が凝結し、独特な層状をした静止する雲が作られる。マッキンリーの標高5800m地点には世界で2番めに高い気象観測所が置かれている。

渦巻くレンズ雲

このドラマチックな高積雲のレンズ雲が舞うのはフォークランド諸島から南東に1400kmも離れた島々、サウス・ジョージアの起伏に富んだ山地上空である。これら美しく波打った雲は、起伏の斜面間にある下降流の動きにより予想を超えた不思議な形になる。ときにそれはUFOに似たものになったり(p.40の写真のように)、またこの驚くべき写真のように、獣やモンスターにも似た姿となることもある。この写真はサウス・ジョージアのバード島にある英国南極調査所(BAS)のリサーチステーションから撮影された。

巻雲の毛状雲

繊細な毛状巻雲のフィラメントがディープブルーの空で躍っている。この雲はスコットランド高地[*1]・アラプール近郊のコリーシャーロック渓谷上空に現れたものだ。このような好天時の雲は、多くの場合、比較的乾燥した空気が対流圏上層6kmをはるかに超える高さまで上昇したときにできる。空気塊が0℃以下の低温で露点[*2]に達すると、中に含まれる少量の水蒸気が昇華凝結(昇華とは気体から固体、あるいは固体から気体へと、液体の状態を経ずに直接に変化することをいう)して氷晶となる。これらの氷晶でできた小さな雲片は、低温で乾燥した空に孤立して現れることが多い。もし、もう少し湿潤であれば、その下に厚みのある雲ができるはずである。

[*1] **スコットランド高地**:スコットランドの地方のひとつ。スコットランド北西側。

[*2] **露点**:空気中に含むことができる水蒸気の量は気温によって異なり、気温が高いほど多くの水蒸気を含むことができる。そのため、水蒸気を含む空気の温度が下がると、ある温度で凝結が始まる(水滴ができる)。この温度を露点という。

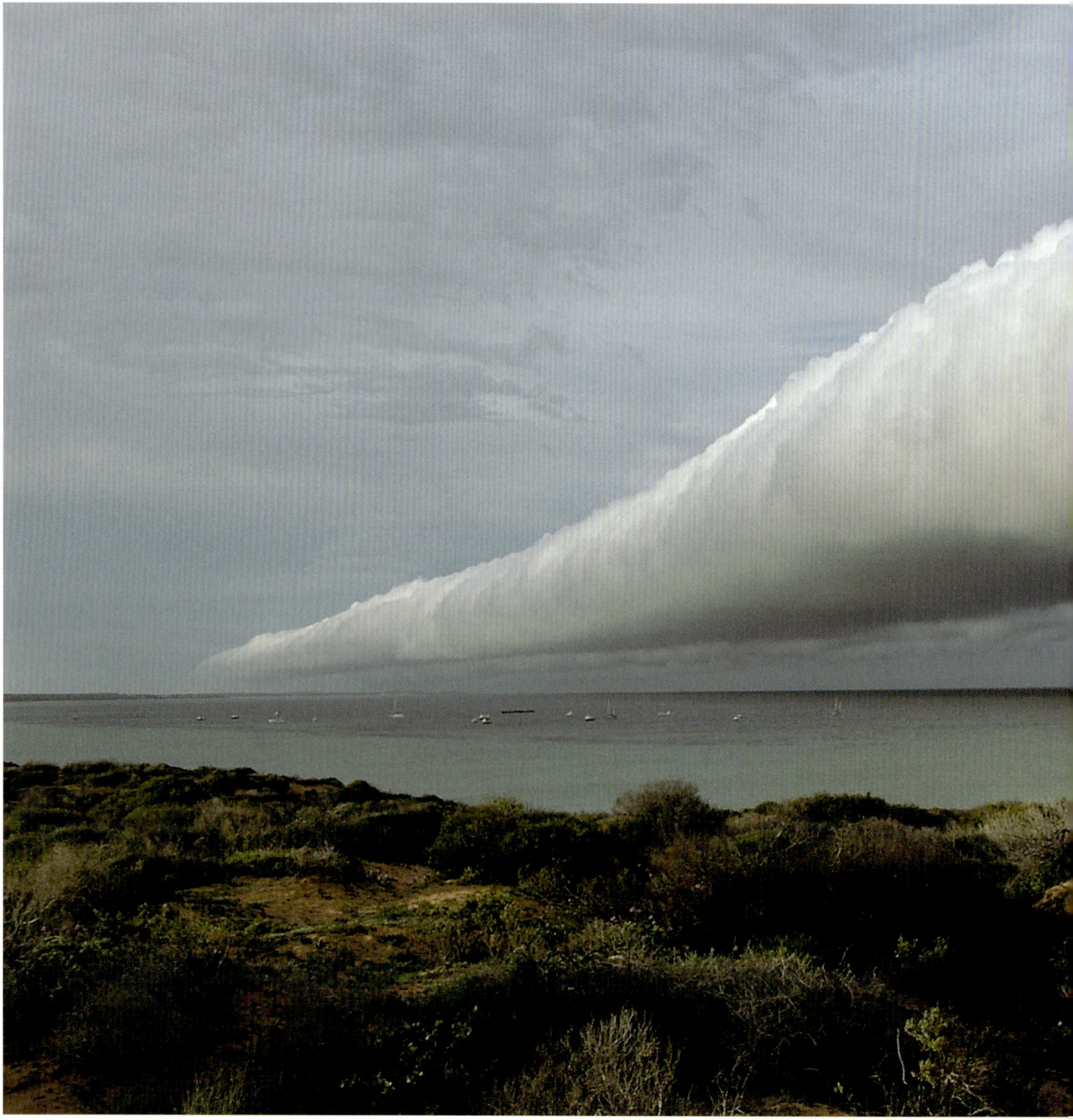

西オーストラリアのロール雲

ロール雲は水平に伸びたチューブ状の雲で、寒冷な下降流の吹き出しによって作られ、接近しつつある嵐に先だって広がる(まれに衰退する嵐の最後尾のこともある)。ストーム・クラウド内部の強い下降流は地表面に強烈な勢いで衝突し、噴出流となって周囲に広がっていく。この冷たい流出空気は、周囲からストーム・クラウドの上昇気流へと引きずり込まれてくる暖気流の層の下に潜り込み、これを押し上げることで水蒸気が凝結してロール雲となる。このようにしてできたロール雲は、本体であるストーム・クラウドから離れて、ときには数kmもの長さになる。写真はその好例で、西オーストラリア・シャークベイから内陸方向へと長く伸びる印象的なロール雲である。

ダスト・デビル＝
塵旋風

まるでヘビ使いのカゴからコブラが伸び上がっているように、「ダスト・デビル」が空中を躍る。この写真はアメリカ・コロラド州ウォルセンバーグ近郊で撮影されたもの。ダスト・デビルは乾燥した条件のもと、地表面が局地的に加熱されて空気が上昇することで形成される。その渦巻は、何らかの理由でできた圧力の不均一なところからの気流の流入や、あるいは地表面の凸凹の違いが原因で発生する。ダスト・デビルはとても大きく激しいものに成長することがあるが、2003年5月にロジャー・コーラムが撮影したこの写真のものは、穏やかで寿命も短かった。このダスト・デビルが現れたのは、彼が人里離れたガソリンスタンドに立ち寄ったちょうどそのときだったという。「私は慌ててバンの中に手を伸ばしてカメラバッグをつかんだんだが、高価なカメラの入った中身を床一面にばらまいてしまった。1枚撮影したところでダスト・デビルは消えていった。始まりのときと同様、あっという間だった。私のカメラには、4フィート落下したこの日の傷がまだ残っているよ」

* **ダラム市**: イングランド北東部のダラム州にある都市。市街にはイングランドで3番めに古いダラム大学の施設やカレッジが点在している。

リング状の飛行機雲

この円形の飛行機雲は、イギリス・ダラム市*上空で行われた軍用機の演習によって残されたもの。ばらばらに分解し、すでに存在していた高層(6〜12km)の巻積雲と合わさって大きく広がろうとしている。

このような形状の飛行機雲は、通常とは形状が異なっているというだけで、それが「ケムトレイル」、つまり「高層大気中での国家による極秘実験でばらまかれた化学物質や病原体によってできたもの」であるという主張を助長する結果となってしまっている。この陰謀説に熱心なウェブサイトは、政府がケムトレイルを作る動機として、人類をコントロールするための生物兵器をテストしているというような、さまざまな想像上の根拠を示している。もちろん、これらの主張は軍やNASAのような政府の機関によって否定されている。しかしそのことにより、陰謀説論者は、さらに高いレベルの組織的な隠蔽があると確信してしまっているのだ。

アララト山の上のキャップ・クラウド

羊飼いがアララト山の山頂を覆うキャップ・クラウドを見つめている。アララト山はトルコ北東部の休火山で、ノアの箱船が洪水の後にたどり着いたといわれる場所だ。キャップ・クラウドは地形性の雲であり、山地の斜面が原因で湿潤な空気が風によって強制的に上昇させられて形成される。上昇した空気は冷え、水蒸気が凝結して平たい雲の層となるが、その後斜面の風下側で空気が下降することで雲は消散してしまう。標高5000m以上のアララト山の山頂部はしばしばこのような層状の雲の帽子をまとい、雲の層の中に深く入り込む。

2 奇妙な形の雲

巻雲の塔状雲

アメリカ・アイダホ州南東部の上空で、巻雲の塔状雲が集まってつる状の氷の尾を引いている。これらの巻き毛状の形状は、ゆっくり落下する雲片が安定した速度で動く寒冷な空気層とぶつかることででき、ときには空を横切るほどに長く引き延ばされる。上層の氷の雲である巻雲は、その生涯をゆっくりと落下して過ごすので「降水雲」に分類されてもよさそうなものだが、実際は「尾流雲」(つまり地表面に届くはるか以前に蒸発してしまう、寿命の短い氷や雪でできた尾)以上のものになることはほとんどない。

馬の背に乗った天使

風に流される巻雲の「カギ状雲」は「ストリンガー」(弦楽器などの弦を張る職人)あるいは「雌馬の尾」にたとえられ、ときに上層の大気を横切って競争しているようなドラマチックな姿となる。巻雲は高々度(6～12km)の氷晶の雲で、多くの場合、下層や中層の雲に比べて薄く拡散した姿をしている。それは、下層の雲は水滴が高い密度で集まってできているのに対し、この雲では雲を作る氷晶の密度が低いことによる。前ページの巻雲の塔状雲と同様に、巻雲のこの変種は通常、穏やかなコンディションの中でできるが、ときには厚みを増したり大きく広がっていくこともあり、そのようなときは荒れた天気が近づいてくる兆候となる。

ハワイのUFO

レンズ雲がマウナケア山の上に浮かんでいる。マウナケア山はハワイ諸島で最も標高が高く、唯一、山頂が雪に覆われる山である。レンズ雲ができるのは、湿った空気の層が背の高い障害物にぶつかり上昇、通り過ぎて下降し、斜面の下流に定在波(p.40参照)ができたときだ。ここで水蒸気が凝結して「空中で静止した雲」＝レンズ雲ができる。この素晴らしい写真の雲も、多くの静止したレンズ雲と同様に風下側の下降流のためにわずかに傾いて浮かんでいる。その姿はクラシックなUFOの形にそっくりで、スキーヤーが途中で滑るのをやめてしまうほど奇妙な光景を作っている。

55

② 奇妙な形の雲

ケルビン–ヘルムホルツ波雲

典型的な波状の雲は、風速と風向の両方が一様な、安定した条件のもとで形成される。しかし、上層に温暖な空気の強い気流が存在して、下の層にある冷たい空気よりも速く流れて両者の境界を乱すような場合に、メインの雲よりも先行して進行する波頭を作り出すことがある。

その結果、この空気の運動を研究した19世紀の科学者の名にちなんで「ケルビン–ヘルムホルツ波」と呼ばれる、寿命の短い特色あるうねり構造ができる。ワイオミング州ララミーにて撮影。

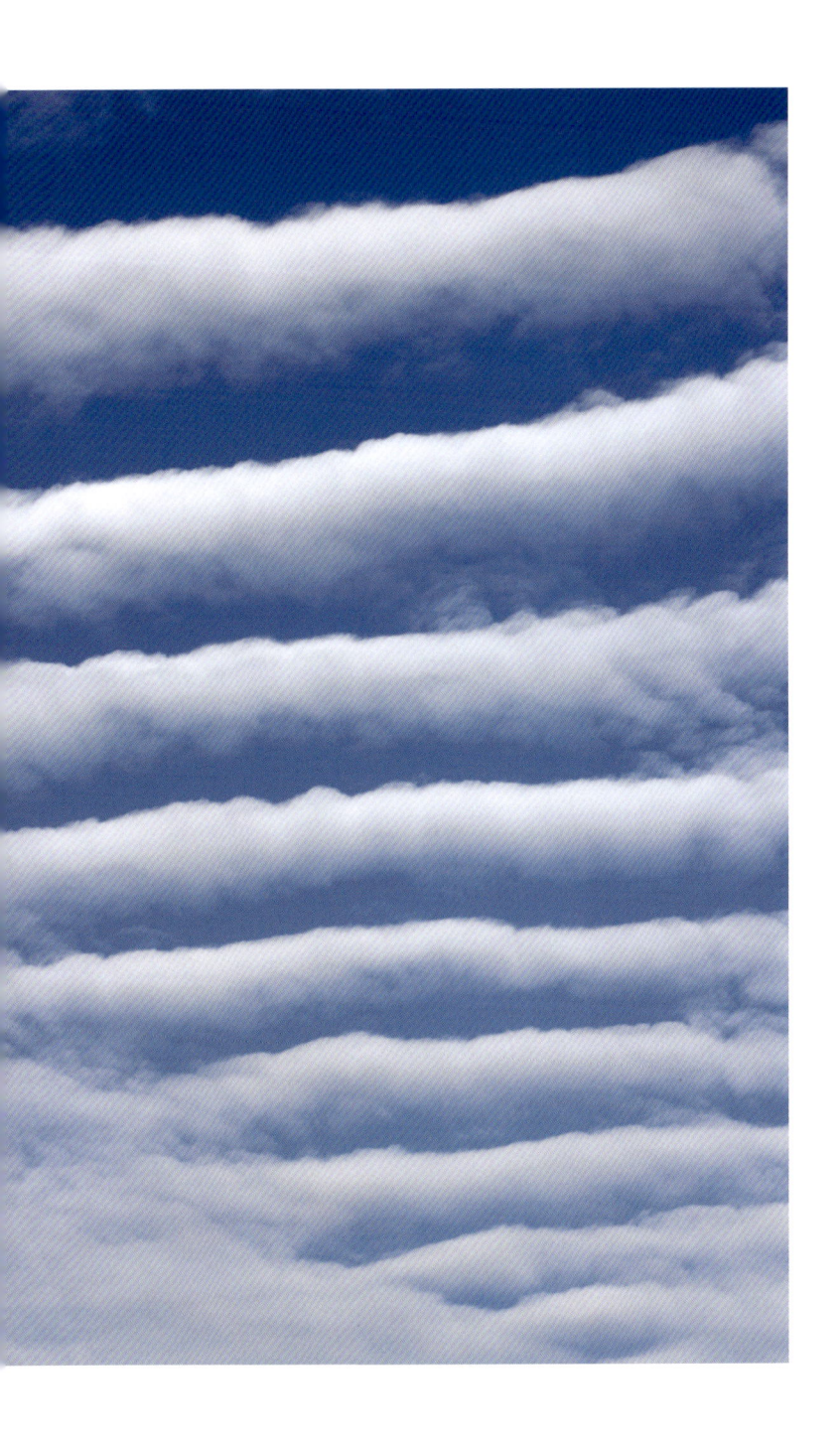

高積雲の波状雲

下層〜中層の塊状の雲が帯状に平行に並んだもの。この特徴的な形状は高積雲の層が風のシア(高さによって風の強さや向きが急に変わること)の影響を受けることでできたもので、雲の帯はシアの向きに従って規則正しく整列する。厚みのある高積雲の帯は温暖前線接近のサインであり、24時間以内に雨や荒れた天候となることを示す。この写真はイタリア中央部にある、アブルッツォ国立公園で撮影された。

ニュージーランドの
積み重なるレンズ雲

まるで下層大気の断面構造が可視化されたように、多重になった高積雲のレンズ雲の塔がニュージーランド北島の活火山、ルアペフ山*上空を覆っている。このきれいに積み重なった壮大な雲は、いくつもの湿潤な空気層が山地地形によって持ち上げられてできたものである。この雲はルアペフ山の標高2500mほどの東稜線を上昇して、対流圏6kmの高さ付近に巻雲状の領域を作り、雲頂が凍結して薄い氷の繊維状になりはじめている。

*　**ルアペフ山**：ニュージーランド北島のトンガリロ国立公園にある火山。その峰のひとつ、タフランギ峰（2797m）が北島の最高峰。

地形性の高積雲

多くの場合、大気の流れは鉛直より水平方向のほうが強くて大きい。しかし、気流が山地の斜面の影響を受けて上昇するような場合には、鉛直方向に強い振動が発生することがある。これは大気が安定を取り戻そうとするために起こるものだ。このとき、もし異なった湿度を持った空気が層を作っていれば、その振動の頂点部の水蒸気が飽和した層の中で雲が形成されるだろう。その結果、この写真のように奇妙な、彫刻のような明瞭な層状構造を持つレンズ雲ができる。まるで日没直前の稜線を見張っているかのようだ。気流の波動が遠くまで続くことにより、レンズ雲は形成の原因となる障害物(山地形)から鎖のように連なって、かなり遠くまで伸びることもある。

巻雲の羽根飾り

接近しつつある温暖前線の前面で、巻雲の「濃密雲」から伸びる雲の帯が木々の上にのぞいている。巻雲の変種である濃密雲は厚みのある雲であり、対流圏上層(高度6〜8km)にできる。上層の大気は水分が希薄なため、ほとんどの巻雲は薄く淡い。しかし、この写真のような巻雲の濃密雲には、前線の進行によって水分が流入・補給されており、ときには空を大きく覆うこともある。もしそうなったら傘を取りに行くこと。なぜなら雨や大荒れの天気がまもなくやってくるのだから！

2 奇妙な形の雲

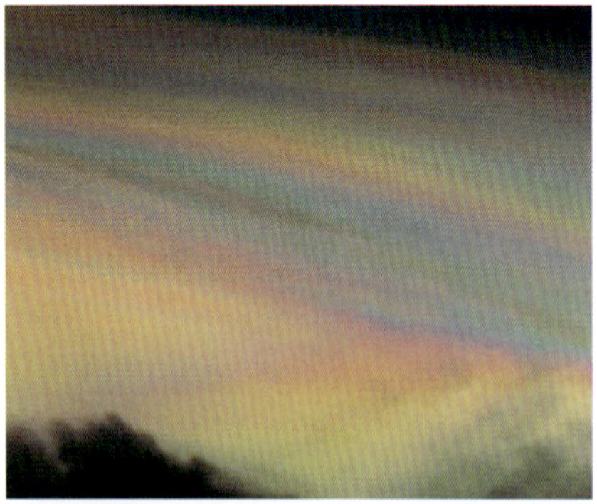
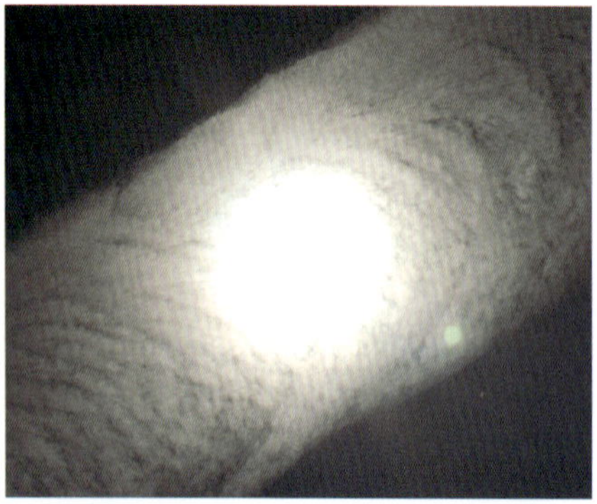
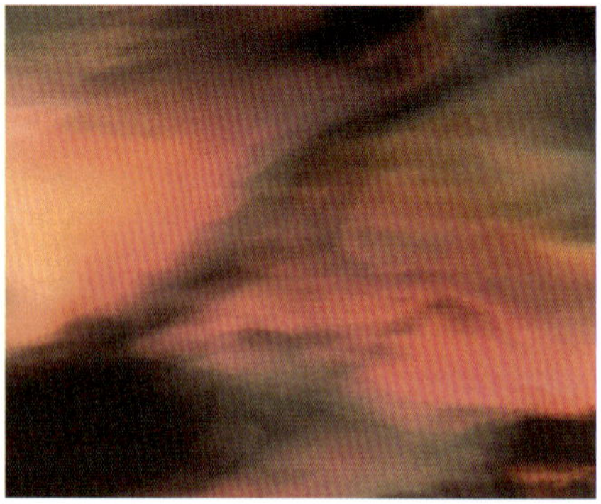
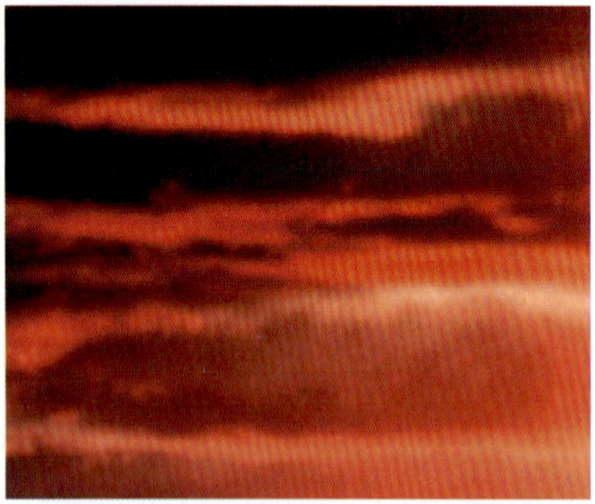
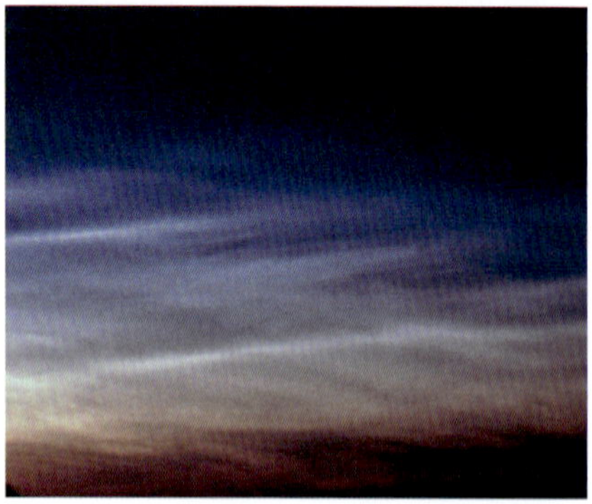
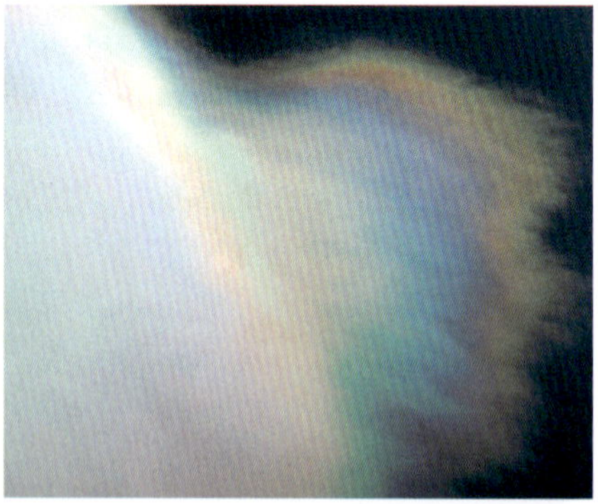
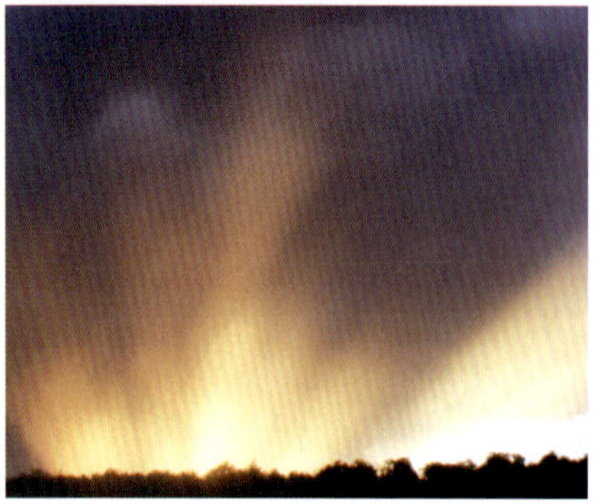
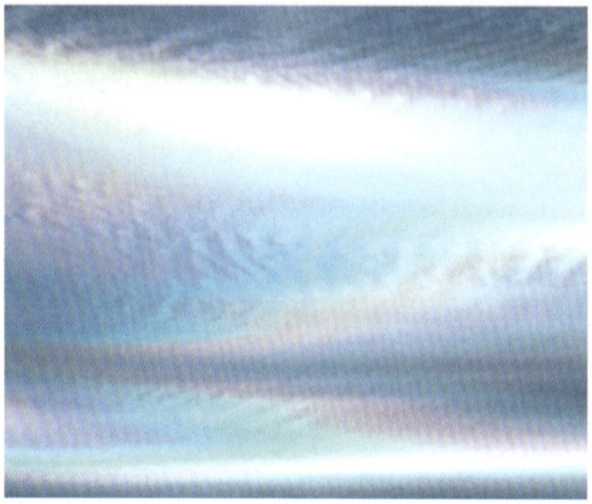
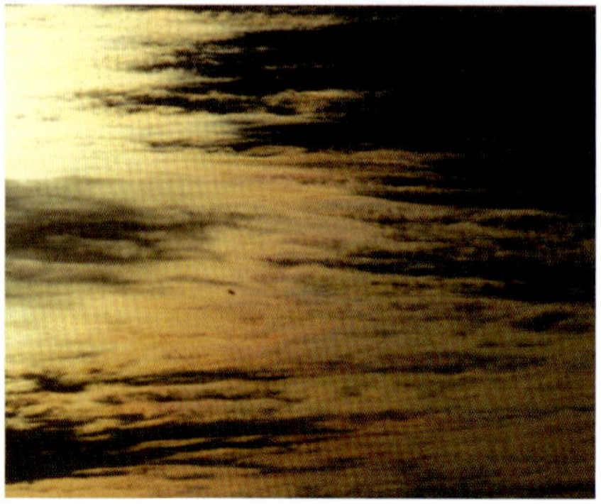

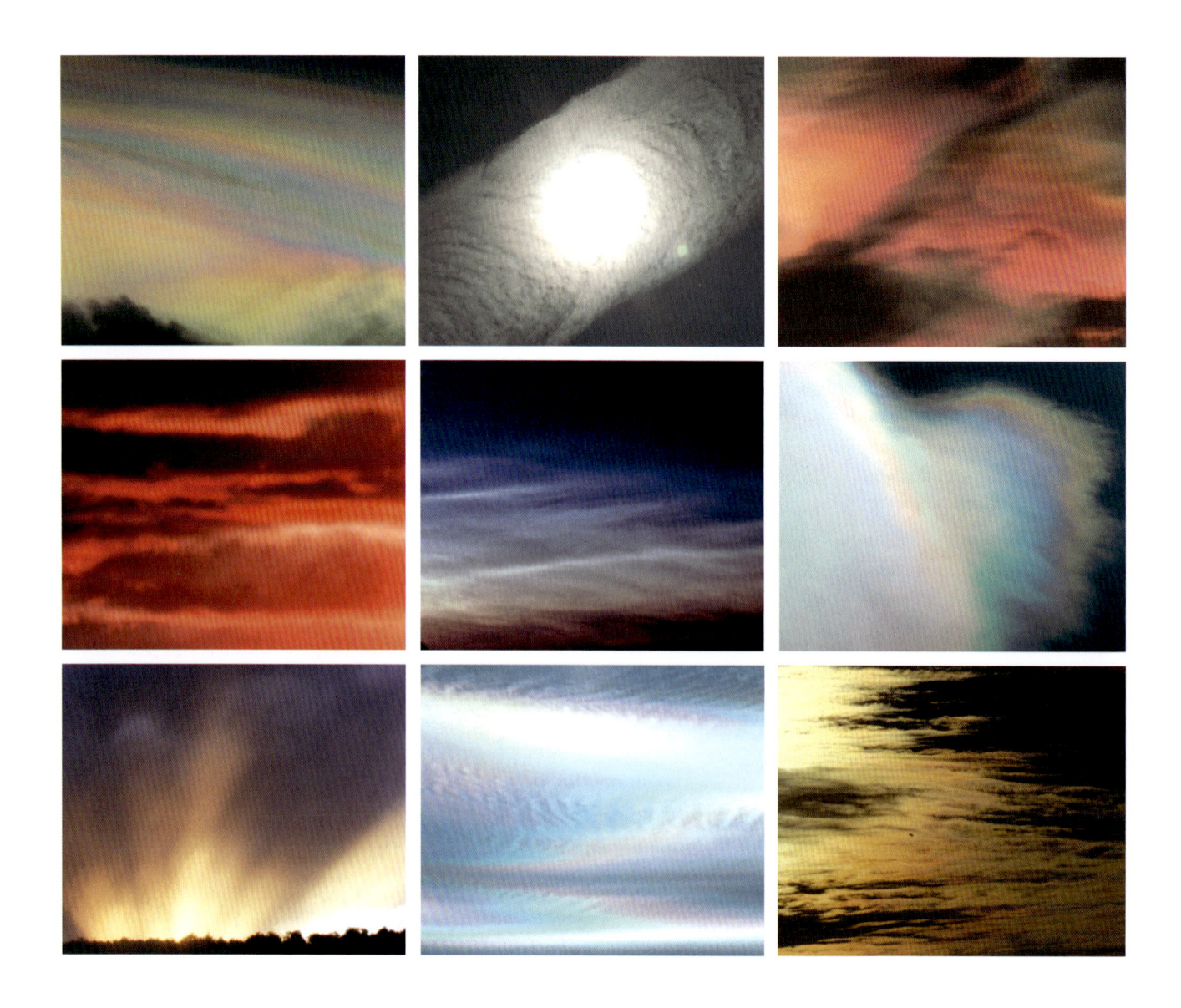

# 3

光の効果
Optical Effects

雲は太陽光を反射、あるいは屈折させて
鮮やかな色彩として映し出す自然の万華鏡だ。
この章ではパステル調の虹色に彩られた雲から、
サンピラーの明るい輝き、そして薄明光線まで、
雲が引き起こす美しい光学現象を紹介する。

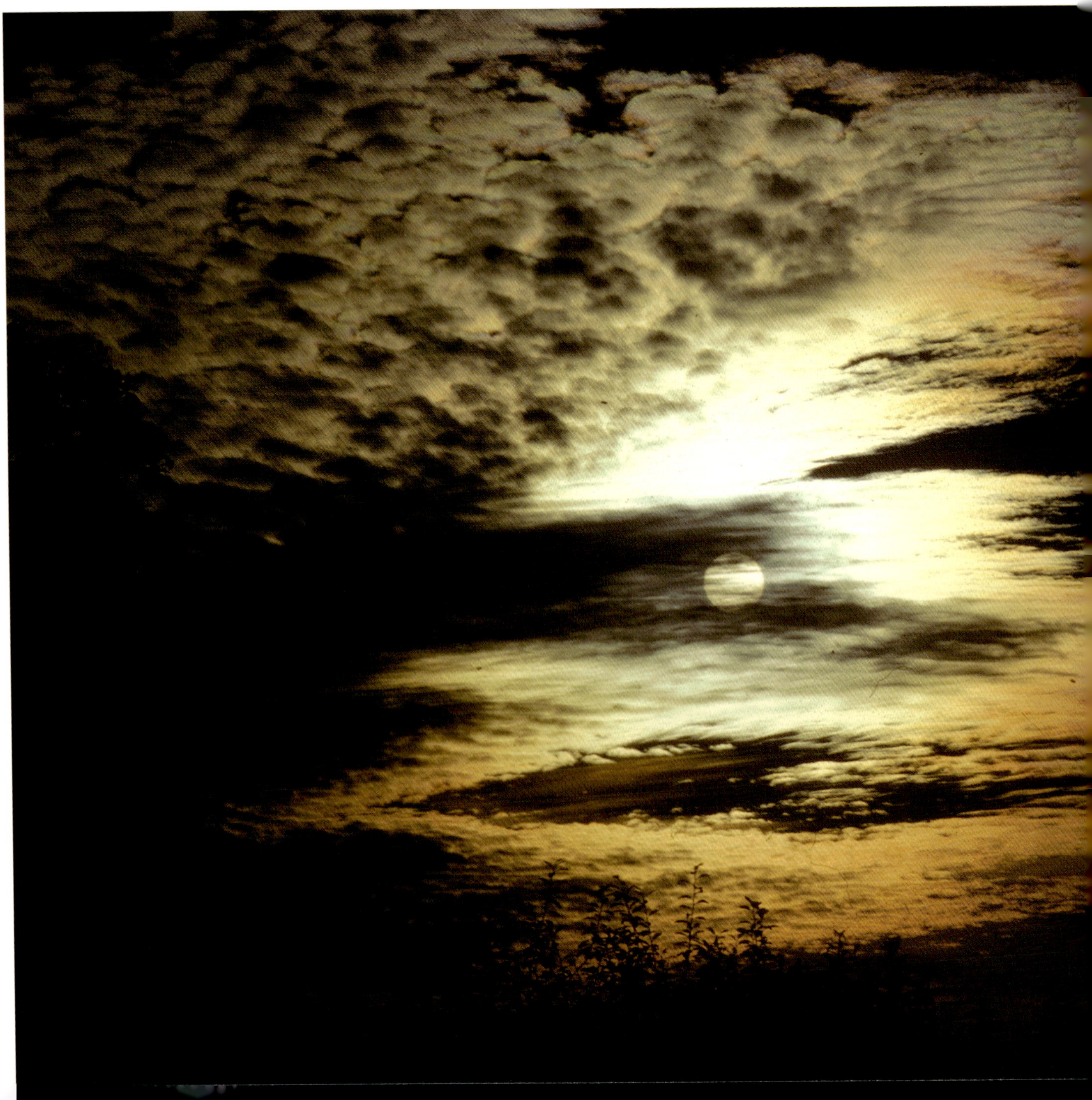

黄金色の光環

光環は下〜中層の雲の層を通して見える、太陽や月の周囲の色づいたリングである。月の光環はまぶしさがない分、太陽によるものに比べて見やすい。この写真にある太陽の光環は、日の出のすぐ後に、高積雲の光った雲片を通して見えたものだ。光環は普通、内側が青紫色になるが、このときはオレンジ単色の広い帯となって見えた。光環は水滴や氷晶による光の回折によって起き、水滴や氷晶が小さく大きさがそろっているときほど明るく大きく見える。雲を作る水滴のサイズが均一でないときは、この早朝の素晴らしい写真のような現象となる。

3 光の効果

上空から見た光輪

光輪(グローリー)は太陽光が雲を作る大きさの不揃いな水滴によって跳ね返される、つまり後方散乱[*1]されて起きる光学現象である。散乱された光線はp.64の光環と同じ順序に色づいた光の輪を作るが、それができるのは月や太陽の周囲ではなく、(観察者から見て)太陽や月と対称な点(対日点)の周囲である。光輪は雲の層の中に入るほど高くまで登った登山者がしばしば目撃することがあるが[*2]、霧や雲の上を飛行する飛行機の窓から見るほうが簡単だ。2007年5月の午後のオスロ−コペンハーゲン便の機中からのこの写真では、厚い層積雲塊の上に飛行機のうっすらとした影が落ち、その周囲を虹色の輪が取り巻いているのがわかる。

光輪は荘厳な現象であることから、中国では「ブッダの後光」としても知られ、吉兆とされている。

[*1] 後方散乱:光が水滴や氷晶などの微小な粒子にぶつかったとき、入射方向にたいして90°以上の角度(つまり粒子より後方)に散乱されること。細かな解説は控えるが、色づいて見えるのは、一般に散乱される角度が色ごとに違う特性を持つためと説明される。

[*2] 登山者がしばしば目撃…:山岳の気象現象として有名なブロッケン現象はこの現象の別名。

雹のシャワーと虹

激しい雹のストームを明るい虹が突き刺している*。イギリス・ダービーシャー、ピルスリーで撮影されたもの。雹は暖かい上昇気流が落下途中の氷の粒を再び凍った雲の中へ押し上げるようなときにできる。氷の粒は衝突・凍結を繰り返しながら、上空にとどまることができないほどの大きさに成長し、最後には雹として地上に降ってくる。明るい日射しが雹のストームの上昇気流を強調し、さらに雲底から下に伸びる短い虹の弧も作り出した。この虹の弧もまた日射しによってできたものだ。虹は水滴が太陽光を分散させることで起きる現象である。太陽からの白色光は水滴内部に入る際に屈折し、水滴の内側の面で後方へ反射される。このとき、水滴の外に出る光の角度には、ある幅がある。色の順序は、「主虹」では必ず虹の外側が赤になる。「副虹」についてはp.70を見て頂こう。

* **雹のストームを明るい虹が…**：虹は水滴でできる現象であるため、雹では虹が現れることはない。この写真は雲底近くからの水滴の降水によって虹が現れたものであろう。

68

飛行機雲の腕時計

午後の空を横切る幅の広い飛行機雲を通して太陽が透けて、頭上に驚くほど大きな腕時計ができた。人工の雲である飛行機雲は高度約8km以上、気温-40℃以下の極低温となっている場所で、飛行機からの排気で放出される水蒸気によってできる。飛行機雲は自然の巻雲と同様、ゆっくりと落下する氷の粒からできているが、大気中に含まれる水分の量が多いときには持続し、上空の風によって広範囲に広がる。これら飛行機雲ができる場所の湿度や風の条件は高度によって大きく異なり、写真の中の、より高い場所にあるもうひとつの飛行機雲のように、広がることなく空に存在し続けることもある。この写真はイギリス・サリー州ウィズリーの英国王立園芸協会*で撮影された。

* **英国王立園芸協会**：園芸を愛する世界中の人々に奉仕することを目的として1804年に設立された英国王立典法による特別公益法人。総裁はエリザベス女王。

ダブル・レインボー

虹が見られるのは、観察者の背後から太陽光が直接差し込み、さらに観測者の前方に光線を反射する浮遊した水滴が存在するときに見ることができる。視半径42°の主虹は最も普通に見られるが、主虹の上に視半径約52°の更に大きな2つめの虹(副虹)が見えることもある。この雨雲を飾る2重の虹の写真は、アメリカ・ユタ州で撮影されたものだ。色の順序は主虹では赤色が外側で紫色が内側であるが、副虹ではその逆となる。

2つの虹の間の暗い部分は、2世紀にこの現象を初めて記述したギリシアの学者アレキサンダー(アフロディシアスのアレクサンドロス)にちなんで、アレキサンダーズ・ダークバンド(アレキサンダーの暗帯)と呼ばれている。

この暗い帯は主虹と副虹を作る光線が屈折するときの偏角(屈折・反射する角度)の違いによってできる。まれに3番めの虹ができることがあるが、たいていの場合非常に暗く、色が反転していることから見るのはむずかしい。

3 光の効果

* **ボルネオ島サラワク州**: マレーシア・ボルネオ島北西部の州。南部と東部の山脈でインドネシアに接する。

虹色の頭巾雲

頭巾雲とは、積乱雲や積雲の雄大雲の発達によって、その上にある湿潤な空気層が急激に強制上昇させられ、新たに凝結が起きてできる雲のことである。成長過程にある雲の強い上昇気流によって形成されるため、普通この雲はシビアな天気となることを暗示する。この写真はボルネオ島サラワク州*上空を飛ぶ航空機から撮影されたもので、平らな頭巾雲がドラマチックに色づいて光り輝いている。下にある母体の対流雲の塊は真っ黒な影になっているが、逆光に照らされた頭巾雲は彩雲になって明るく見えている。

環天頂アークとフォールストリーク・ホール

フォールストリーク・ホールは過冷却水滴からなる雲の一部分が急激に凍結して落下することによってできる、雲の大きな裂け目（穴）である。この写真はイギリス・ハートフォードシャー*、ロイストンヒースで観測されたもの。穴の中に残された氷晶が高度の低い太陽の光を屈折させて「環天頂アーク」という光学現象を作り、色づいた明るい帯は逆さになった虹の一部のように見える。氷晶は水滴より効果的に太陽光を分散させるため、天頂側の青から地平線側の赤まで変化する環天頂アークの色彩は、しばしば虹よりも明るく強烈になる。

* 　ハートフォードシャー：東イングランドの地域で、ハートフォードシャー州 とも呼ばれる。

夜光雲

極中間圏雲としても知られる夜光雲は、地表から80km以上という最も上層にできる雲である。この雲は、微小な氷晶核に昇華し成長した氷の粒からできていることが知られているが、中間圏*1の寒冷で乾燥した環境中での詳細な生成メカニズムについては、解明されていない点がまだ残っている。

夜光雲は緯度50°以上の高緯度地域で夏季の夜半前後に現れ、このフィンランドの湖上空の写真のようなヘリンボーン・パターン*2として見られることが多い。原因は明らかではないが、珍しいこの雲は次第に低緯度地域でも見られるようになってきており、おそらく地球大気下層の温暖化に関係しているのではないかと考えられる。

*1 **中間圏**：高度50〜80kmにある地球の大気層のひとつ。成層圏と熱圏の間に位置し、大気の鉛直構造のうち最も低温な層であり、気温は-100℃になることもある。

*2 **ヘリンボーン・パターン**：すべての線が1つの側に傾斜した1つの列と、別の方向へ傾斜した短い平行線の列が組み合わさったパターン。

3 光の効果

虹色の巻積雲

太陽光が微小な氷晶や水滴で回折して、凍った巻積雲の小さな雲片のエッジ部分に明るい色のスペクトルを作った。この効果(雲の周囲を走るはっきりと色づいた帯として見られることが多い)は、中・上層の薄い雲の層が太陽の近くを通り過ぎるときに見られる。この色づいた帯は氷晶や過冷却水滴でできた雲粒の大きさが均一であることを示しており、粒の大きさや配列がそろっているほど美しく色づく。

青い空のハロ

ハロは太陽や月の近傍に現れる光学現象であり、高さ6〜10kmにできる薄い巻雲状の雲を作る六角形の氷晶で、太陽光が屈折することが原因でできる。アメリカ、コロラド州キャッスルロックで撮影されたこの写真には、巻層雲の氷晶による虹色に輝く太陽の暈の一部分が写っている。色の変化の順序は虹とは逆で、外側が青、内側に向かうにつれて赤色になる。ハロと並んでいる白い積雲の断片は上層の巻層雲よりはるかに地表に近く、晴れた日の午後の太陽に照らされている。ハロの出現はときに雨や雪が接近しているという警告*でもある。

* **雨や雪が接近しているという警告**：ハロは温暖前線の前面にできる巻層雲によって現れることが多い。日本にも「太陽が暈をかぶると雨になる」ということわざがあるように、雨を知らせる現象として古くから知られている。

78

真珠母雲

極成層圏雲としても知られる真珠母雲(しんじゅぼぐも)*は、特に北半球の緯度50°以上の地域の上空、14〜30kmの高さに現れる。この雲は窒素酸化物と氷晶の混合物からなっており、レンズ状の雲を形成するような地形性の振動(p.95を見てほしい)によって、湿潤空気塊が対流圏の上、成層圏下部の−80℃にもなる極低温下にまで強制的に上昇させられることによってできる。この雲を見ることができるのは、最も空の暗い冬季の日の出前や日没後、地平線下にある太陽からの光がこの雲に当たる時間帯である。パステル調の七色に色づいたこの雲は観察者からの距離が離れていることでさらに効果が強調され、魔法のように美しい。

* **真珠母雲**: 真珠母貝であるアコヤガイの内側に似た虹色をしていることよりつけられた名称。学術名は極成層圏雲。本文中にあるように大変高度の高いところにできるため、日没後も太陽の光を受けて輝く。p.74の夜光雲とはまったく別の現象である。

高積雲の彩雲

高積雲は対流圏中層にできる氷晶と過冷却水滴が混ざった雲で、さまざまな光学現象をまとう。そのひとつである「彩雲」は大きさのそろった粒によって光が回折して現れる現象であり、雲にパステル調の虹色の領域ができるのが特徴である。その色の帯は、雲片が太陽や月に近づいたり前を通り過ぎたときに、その薄いエッジ部分に沿って見えることが多い。

薄明光線

薄明光線は太陽光が地表近くの粒子によって散乱されて、光の筋が見えるようになったものであり、次のような3つに区別できる。①「ヤコブの梯子」と呼ばれる、雲の間から下方へ漏れる光線。②積雲状の雲の後方から上方へ放射状に広がるように見える光線。そして、③この写真のような地平線下から広がるように見える光線である。光が強烈に色づいているのは、大気中の薄煙の層を通過した夕日の光線によってできたものだからである。このような光線は実はお互いに平行で、広がって見えるのは遠近法による錯覚である。

幻日をともなった
アルプスのハロ

ハロとは光が六角形の小さな氷の結晶（氷晶）を通過する際に屈折することで起きる光学現象。オーストリアのスキーリゾート、ザールバッハで撮影されたこの写真のように、幻日や幻日環など他の光学現象と同時に現れることもある。写真では太陽を取り巻いて「22°ハロ」があり、「上部タンジェントアーク」がこれに接し、同様に明るい「幻日」をその両脇に見ることができる。水平な姿勢で並んだ氷晶によって光が屈折してできる幻日は、太陽高度が低いときに見つけやすく、日没時には太陽に近づいて見える。幻日を貫いている淡い光の線は「幻日環」と名づけられており、幻日とはまた別の、太陽と水平な位置に現れる屈折現象である。

3 光の効果

月のハロ

月のハロは太陽のハロ（p.82参照）と同じく、対流圏上層の薄い巻雲や巻層雲を作る六角形の氷晶によって光が屈折することでできる。太陽の周囲は強い光でまぶしく観察がむずかしいが、月のハロは楽に見ることができるため、太陽のものよりも頻繁に観察することができる[*1]。月のハロは普通、満月の前後5日間の月が明るい期間に起きる。この美しいハロはモロッコのアトラス山脈[*2]で撮影されたもので、このときはハロの内側端が赤色、外側に向かうにつれて青色になるのがわかるほど空気の透明度が高かった（虹や光環では色の変化はこれと逆の順序になる）。

[*1] **太陽のものよりも頻繁に…**：月のハロは見やすいが、明るい満月の前後にしか見られないため、実際の出現頻度は太陽のハロのほうが圧倒的に高い。

[*2] **アトラス山脈**：北西アフリカにある山脈。その総延長は2400km、モロッコにそびえるトゥブカル山（4165m）が最高地点。

太陽柱

鉛直な光の柱が夕方の穏やかな海上に広がる層積雲を照らしている。普通、太陽柱は巻層雲などの上層雲内部でゆっくりと落下する、板状の氷の結晶の水平面で太陽光が反射することでできる。この現象は前ページのハロなどのような屈折によるものとは違い、無数の氷の結晶の単純な反射によってできるものである。そのため、太陽光のスペクトル分解で色づくのではなく、日の出や日没の太陽の色を反映した色に輝く。太陽柱は太陽の強烈な日射しが少なく、アークが地平線から20°以上伸びる日の出か日没の時間帯に見やすい。

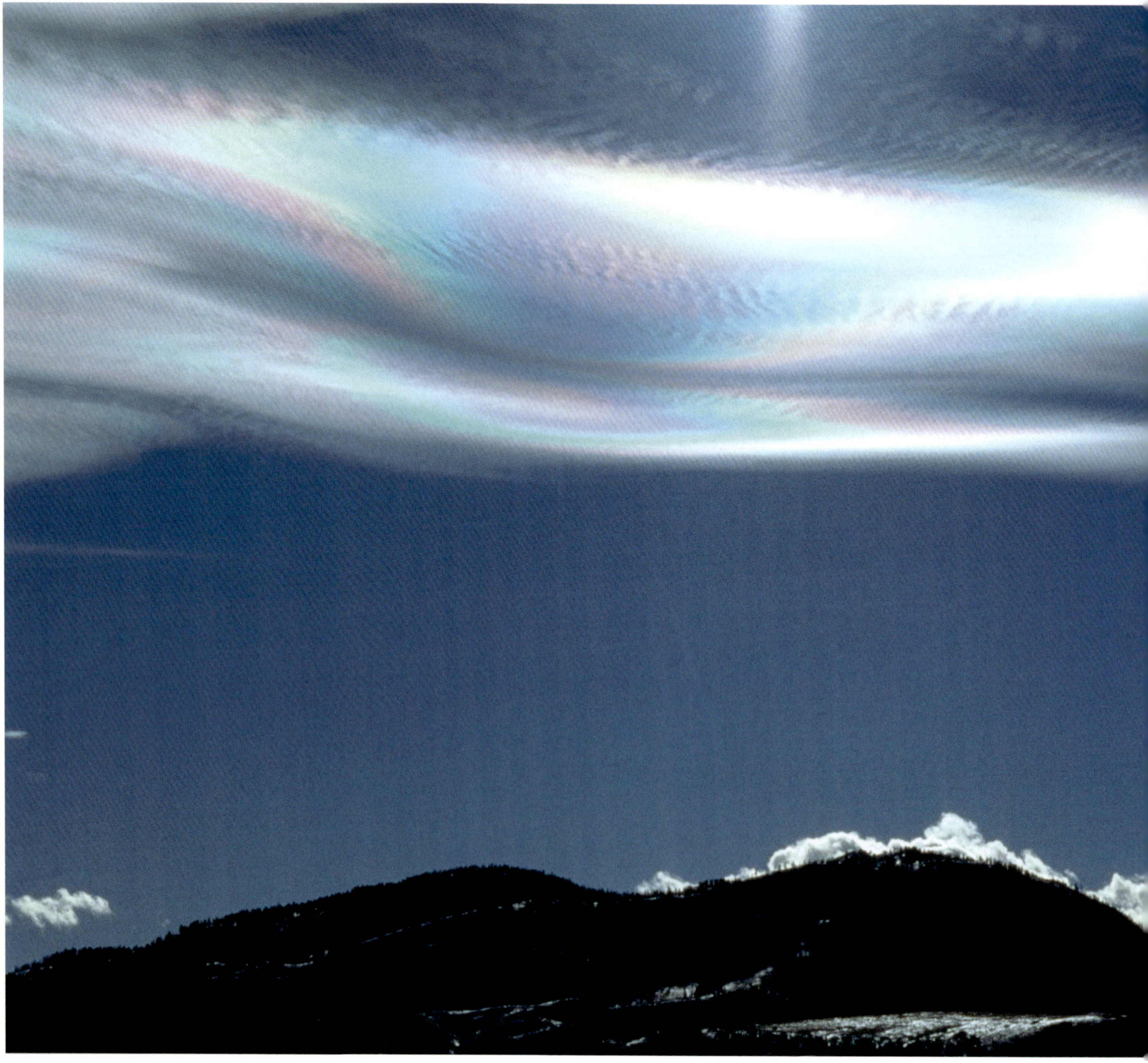

巻雲の彩雲

真珠母色をした雲の流れや雲片である彩雲は、巻雲や巻層雲のような、氷晶でできた6km以上の高さの薄い雲の層にともなって見られることが多い。彩雲は大きさのそろった小さな粒で太陽光が回折して起きる現象だ。雲の周囲では過冷却水滴や氷晶の大きさと形がそろっていることで雲の形状に沿って色づき、曲がりくねった帯状になる。この現象は普通太陽の近くに見られ、この写真では画面中央のすぐ外側に太陽がある。

88

劇的な雲たち
Theatrical Skies

地球上のあらゆる地域で、素晴らしい大気のドラマが
起き続けている。雄大な夏の大型爆弾である
スーパーセル・サンダーストームから、
山地の上に浮かぶ不気味なレンズ雲に
いたるまで、さまざまな劇的な雲を紹介する。

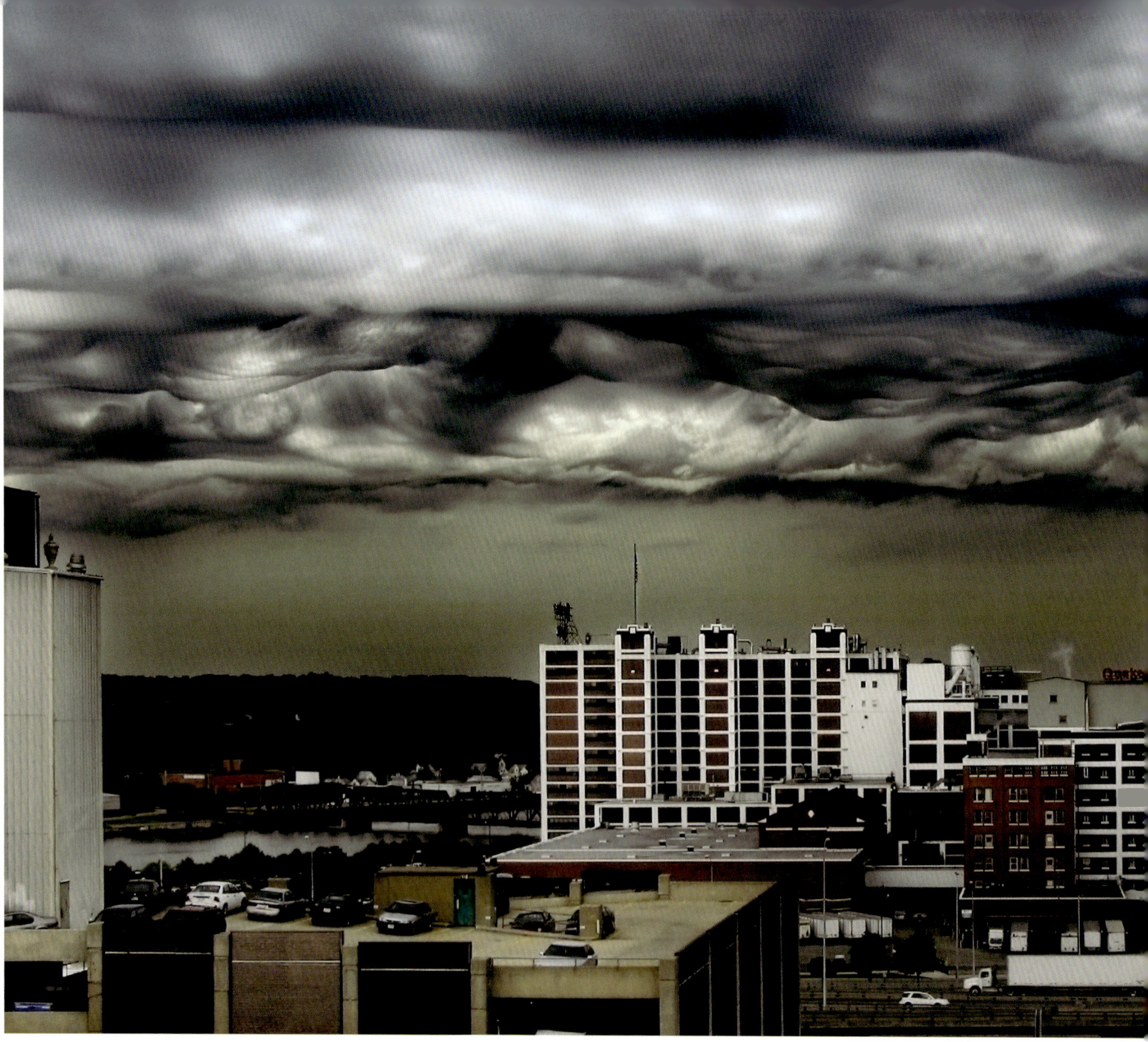

空に浮かぶ銀色の波

6月のある朝、アメリカ・アイオワ州シーダーラピッズ市の住宅街にこれまでに見たことのない光景が現れた。不気味に波立つ雲が低く街を覆っていたのだ。ローカルテレビ局KCRG-TV9は広がる不安に応えて、彼らの局の人気気象キャスター、ジョー・ウインタースを登場させた。ジョーは「このような雲をウェイブクラウドと呼ぶことにしましょう。実は、大気はいつも海のように波立っています。私たちには普段、その波を実際に見ることはあまりありませんが、幸運なことに今日はそれが見えているのです。おそらくこれからもこのような現象を目にすることは滅多にないでしょう」と説明した。この低く垂れ下がった高層雲*の層は、接近する温暖前線の前面で大きな湿潤空気塊が持ち上げられたことによって形成されたものだ。上昇する水蒸気が凝結して雲の厚みを増し、うねって、驚くほどに波立ったのである。

* **高層雲**: 10種雲形のひとつ。高度2000〜7000mに浮かぶ明灰色の層状の雲で、空の広範囲を覆うことが多い。この雲を通して、太陽はすりガラスを通したようにぼんやりと見える。おぼろ雲ともいう。

モンタナ上空のスーパーセル

スーパーセル*1とは、強烈に回転する上昇気流(メソサイクロン)をともなった非常に激しい嵐(雷雲群)のことだ。強い風、強い雨、霰・雹、雷そして破壊的な竜巻をともなって、長時間継続することが多い(ただし、エリック・グエンによって撮影されたこのスーパーセルは、珍しく短命だった)。写真の雲は空を引き裂くような強烈な雨を降らせながら、アメリカ・モンタナ州南東のクロウ・インディアン*2保留地区上空を通り過ぎた。雲底高度が高かったため、この雲は急激に弱まり、出現してから2時間もたたないうちに消失した。

*1 スーパーセル: 竜巻の原因となる巨大積乱雲。単一の降水セルで構成されているにもかかわらず規模は大きく、非常に激しい荒天をもたらす。上昇気流域と下降気流域が分離しているため、持続時間が平均数時間と長いことが特徴。メソサイクロン(p.97)をともなう。

*2 クロウ・インディアン: 北アメリカに住むインディアンの一部族名。クロウ族。モンタナ州を中心に大平原地帯に定住する平原インディアン。

竜巻による稲光

稲妻は積乱雲内部の強力な上昇気流によって作り出される放電現象である。雲の中で＋電荷と－電荷を持つ粒子が分離することで、電荷が分かれた領域に集まる。通常は、雲の上部に強いプラスの電荷が、下部にはマイナスの電荷が蓄積されるが、それらの電位差が絶縁の限界値を超えると、電子が放出されて下方へ伸びる先駆放電に導かれ稲光となって放電する。

1本に見える雷の稲光は、アメリカ中西部での竜巻によるこの雷に見られるようにほとんど瞬時に連続して、一斉に放電先の地面を探すように放電が起こっているものであることが多い。空気が紫色になっているのは大気中に雨が存在していることによるものである。

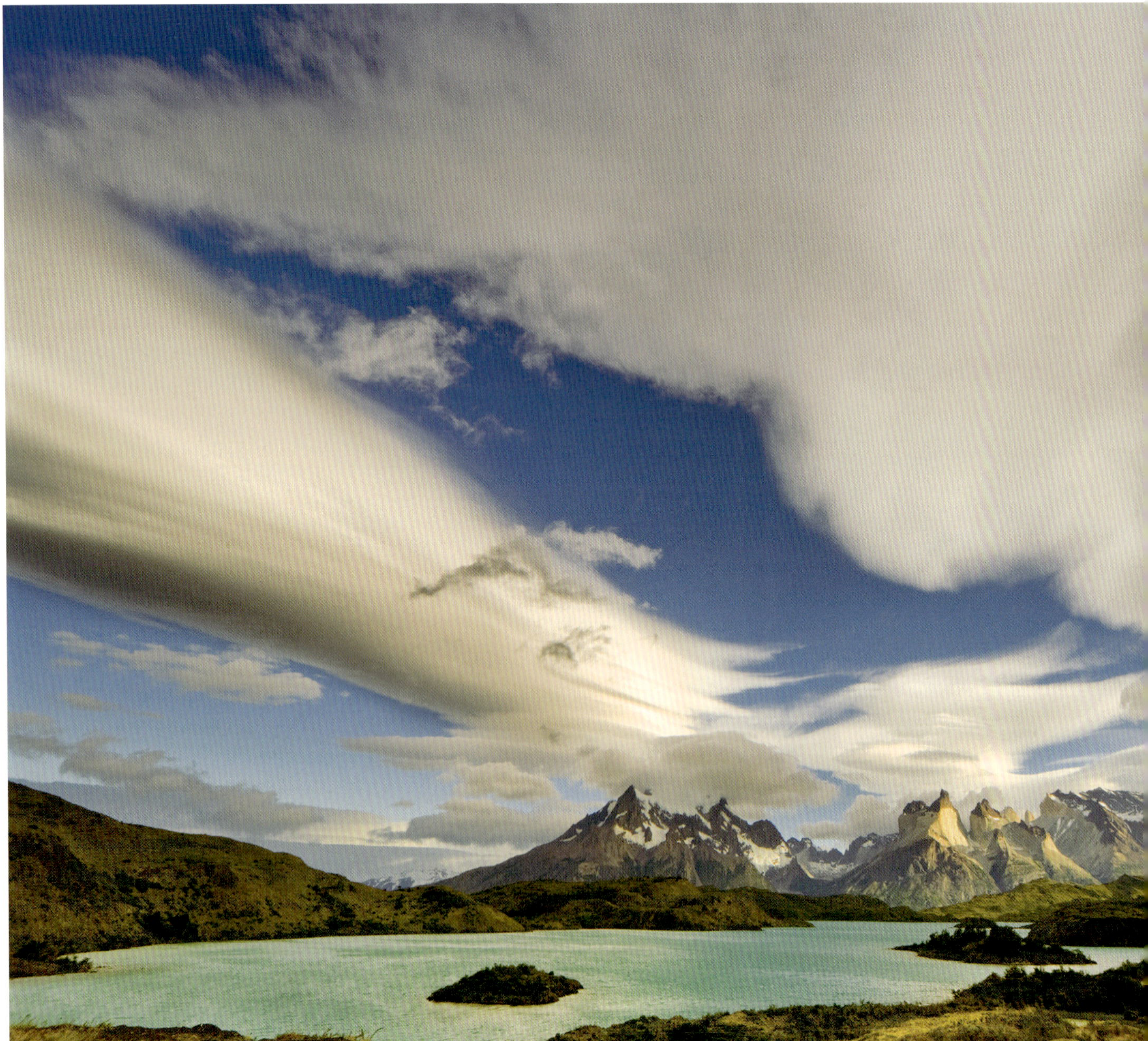

パタゴニア*上空のレンズ雲

チリ南部にあるトーレス・デル・パイネ国立公園・ペオエ湖の上空で空いっぱいに舞う高積雲のレンズ雲。この地域の複雑な地形は、安定ではあるが多方向への気流を作り出す。その気流の中で乾燥した空気と湿潤な空気の層が合わさって上昇し、含まれている水蒸気が凝結して、何層にも積み重なった雲を作る。このような雲の編隊ははるか遠くまで続いて、マガジャーネス地方の雪に覆われた山々や谷の上に大きく広がることがある。

* **パタゴニア**: 南米大陸コロラド川以南のアルゼンチンとチリの両国にまたがる地域の総称。年間を通して低温、風が強いのが特徴。この地域には大小50以上の氷河が存在する。

＊　**デボラン**：イギリス・南コーンウォールにある小さな村。

躍る巻雲

ある夏の日の午後、イギリス・デボラン＊近くのファル川河口から見た巻雲の濃密雲。撮影者のステファン・バートによれば、巻雲が空いっぱいに広がったこの雄大な光景は数時間ほど継続したという。この雲は進行速度が衰えはじめた温暖前線の接近によって生じたものだ。巻雲にはいつも注目しておいたほうがいい。なぜなら、巻雲が長時間変化せずにいるようなときは穏やかでよい天気が続くが、もし厚く大きく空いっぱいに広がっていくようだと遠くないうちに悪天になるからだ。

ネブラスカ州リンカーンの
ウォール・クラウド

スーパーセルの組織に特徴的に見られるウォール・クラウド*1は、ストーム・クラウドの雲底下の無降水域に少し離れてできる不気味な雲である。この雲は、雨によって冷却された空気塊がメソサイクロン*2（スーパーセル中心の強烈に回転するコア部分）に引き込まれるときに、本体の雲の組織よりも低いところで水蒸気が凝結して成長する。ウォール・クラウドは強い上昇気流が存在する領域を示し、非常に強い風をともなうのが特徴である。実際、竜巻もp.102に見られるようにウォール・クラウドの中で発生することが多い。

*1 **ウォール・クラウド**：積乱雲などの雲底付近に共存する上昇気流と下降気流の境界付近にできる雲。通常、周囲から流れ込もうとする暖かい上昇気流が、降水域から吹き出してくる下降気流に乗り上げ、雨で冷やされた空気に触れて形成される。竜巻の前触れともなる。

*2 **メソサイクロン**：スーパーセルにおいて発生する、直径2〜10km程度の小規模な低気圧性の循環構造。北半球では反時計回りに風が吹き込む。

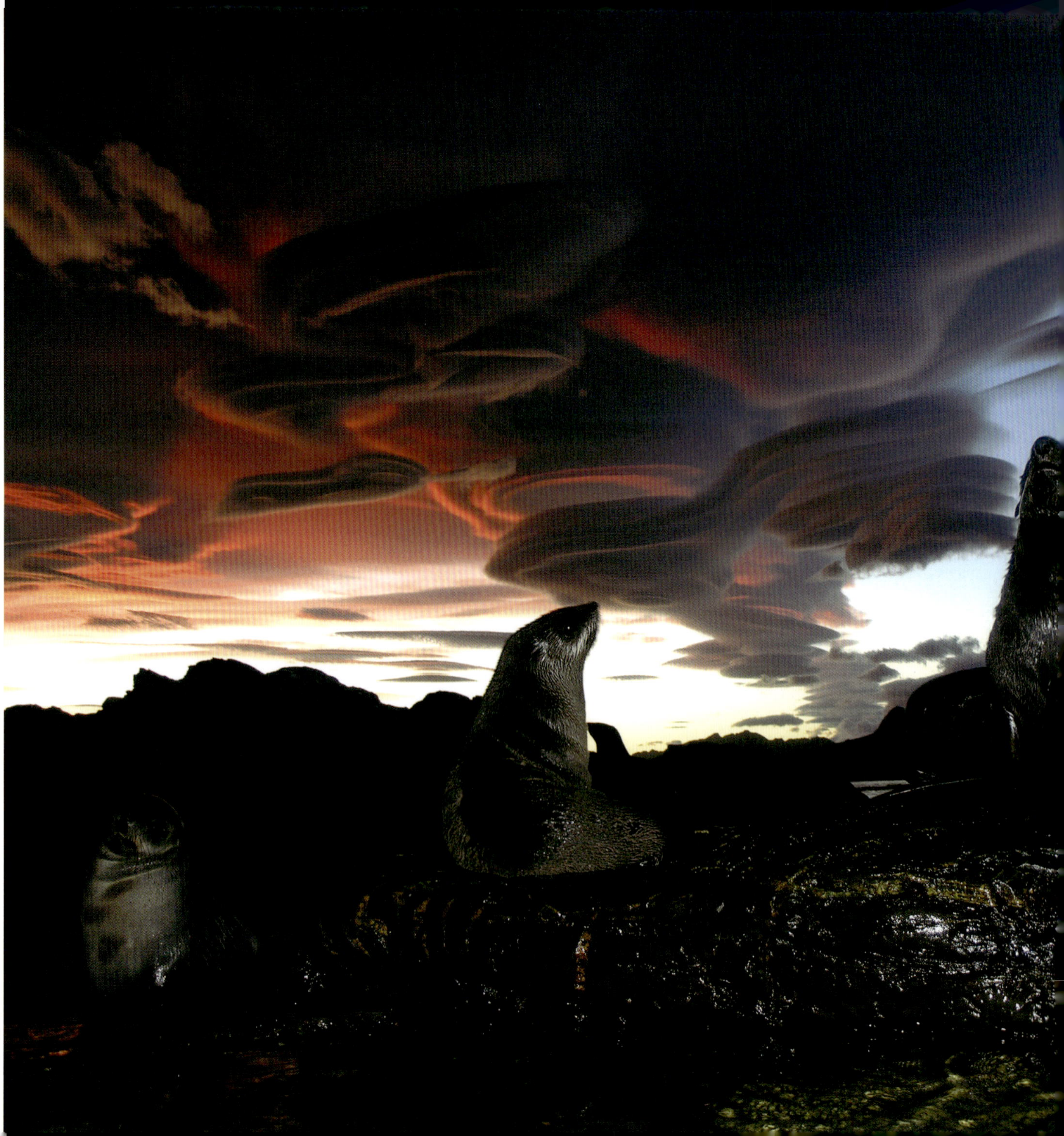

劇的なレンズ雲

南大西洋に浮かぶ諸島サウス・ジョージアの山地上空を流れる気流の鉛直方向の振動がレンズ雲を形成し、さらに雲底にドラマチックな渦を生み、夜明けの空に印象的な造形美を創りだした。写真家・海洋学者で、この島にあるBAS*リサーチステーションを拠点とするジェイミー・ワッツは、この日、早朝の光によって目覚めたという。「窓ガラスから、今までに見たことがないような美しい空が見えたのです。そこで急いでビーチの先端まで行き、この写真を撮影しました。この若いオットセイたちは神経質でときには攻撃的でしたが、私は滑りやすい岩の上を少しずつ進んで、大きな体でポーズを気取ったこの若者のすぐ鼻の下まで近づいて撮影したのです」

* **BAS**：British Antarctic Survey ＝英国南極調査所の略。南極周辺やサウス・ジョージア諸島に５つの拠点(リサーチステーション)を持つ。

＊ **氷晶核**：大気中の水蒸気が昇華して直接固体の氷になるときや、液体の水が固体の氷に状態変化するときに核としてはたらく微粒子のこと。大気中にこの粒子が少ない場合は、雲を作る過冷却水滴はかなり低温になっても凍結せず液体のまま存在する。

海上の
フォールストリーク・ホール

フォールストリーク・ホールは、「ホール・パンチ・クラウド(穴あき雲)」としても知られる現象で、高層の雲の一部が凍結して氷晶となって落下し、雲の層に大きな穴を残すことでできる。その成因は完全には解明されてはいないが、過冷却水滴の雲(気温が0℃以下でも雲の粒が液体のままでいる雲)でのみ起こると考えられる。この大きく広がった高積雲の膜には、わずかに氷の雲の痕跡を残して、ほぼ円形の穴が開いている。

航空機からの排気がこのホール・パンチ・クラウドの生成の大きな要因となることがある。それは「過冷却状態」が、空気中の水滴が凍結して氷晶となるための核となる微粒子＝「氷晶核」＊が雲中に充分に存在しない場合に起こるからである。航空機からの排気は氷晶核となる顕微鏡的な大きさの微粒子を豊富に供給することになる。このことから、フォールストリーク・ホールは人為的な現象とも言える。

夕方の
フォールストリーク・ホール

フォールストリーク・ホールが、凍結したその内容物を夕方の空に放出している過程をとらえたこの写真は、フロリダの北西で撮影されたものである。撮影者のビッキー・ハリソンはこの見事な光景を目にし、流線が「穴から」落下していくようすが見えるのに驚いたという。写真の下半分を見ればわかるように、氷晶は落下途中で消散してしまっている。大気の状態が雨が降るのに充分な条件でなければ、落下する氷晶は暖かい空気を通過する間に昇華(この場合は固体から直接気体になること)して、地上に届く前に消えてしまうのだ。

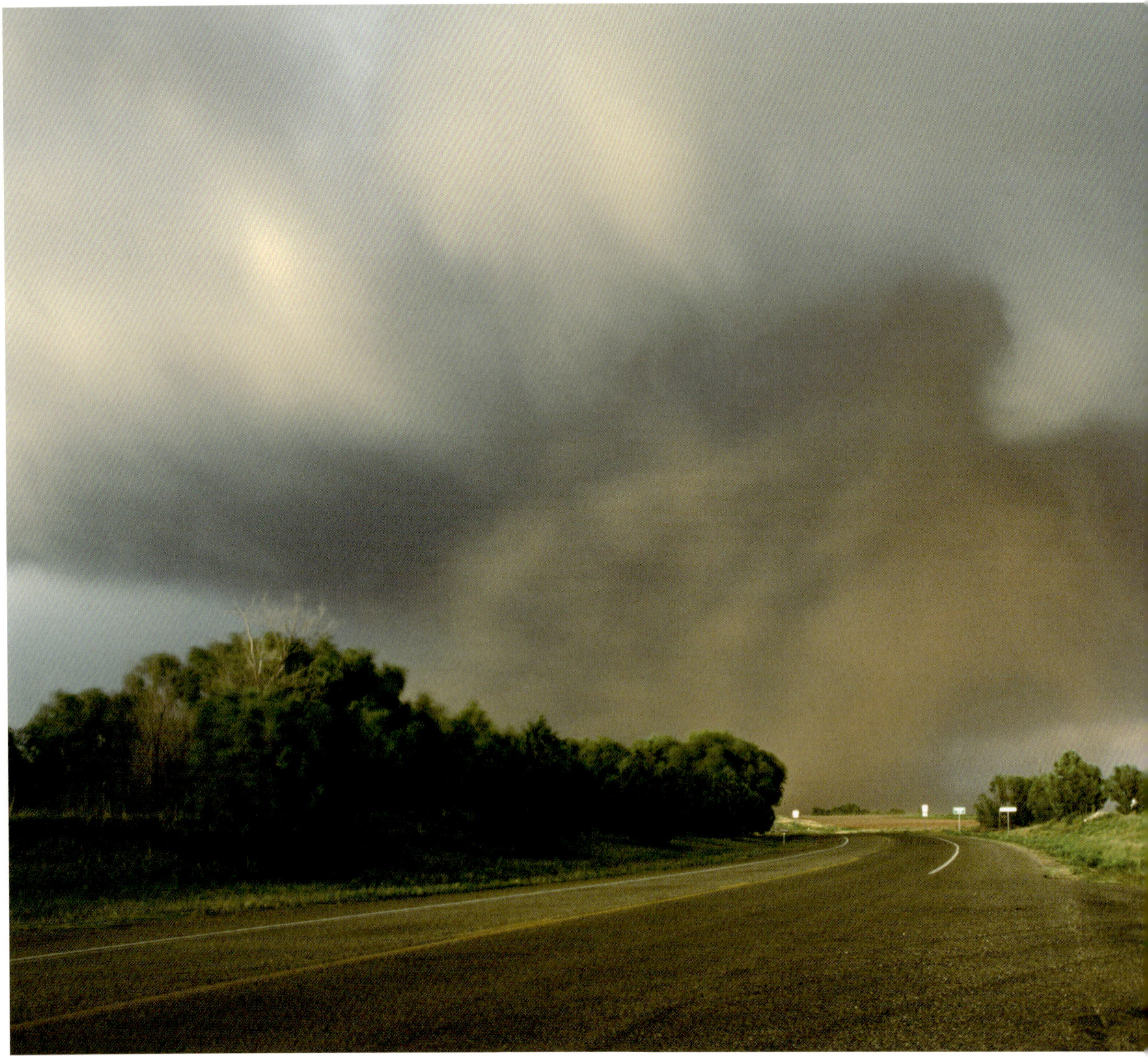

竜巻の誕生

竜巻は積乱雲と地表とをつなぐようにできる、激しく回転する柱である。強力な下降気流がスーパーセルのメソサイクロンを地表面に向かって引きずり降ろしたときに漏斗状の雲を作り出して、地表面に到達するやいなや土壌やがれきを撒き散らかしはじめる。このテキサス州ターキーで撮影された写真はスーパーセルのサンダーストームが竜巻状態になる瞬間を示しており、漏斗雲ができはじめて回転する上昇気流が土壌や埃を舞い上げている。その後数時間にわたっていくつもの竜巻がテキサス州パンハンドルのキャップロック地域を横切り、強いダウンバーストやガストネード*を引き起こした。

* **ガストネード**：ダウンバーストに上昇気流が付加された突風性の旋風のこと。竜巻と同様の条件下で発生するが、メカニズムも形状も塵旋風(p.48参照)に近い。

ダスト・ウェイブ

この日、アメリカ・テキサス州パーマーで起こった出来事を、撮影者ロジャー・コーラムはよく覚えているという。「私たちは巨大ストームが発達するところを見ていました。すると突然、そいつは大量の冷気を吸い込んで崩壊し、我々の方にものすごい風の壁を吹き出したのです。大量のチリを舞い上げ、このときにできたガストネードは回転して高くそびえ立ち、私たちの目の前に赤いカーテンのような渦巻を作りました。そいつが時速100kmもの速さで襲いかかってきたので、私たちは前方に3kmほど移動せざるを得ませんでした。そして、再びそいつに巻き込まれ、バンが泥にまみれてドアが傷だらけになる前に、ほんの1分ほどの間だけ立ち止まって写真を撮影することができたのです」

突風前線（ガストフロント）

ガストフロントはサンダーストームから下方へ吹き出し、地表にぶつかって急速に広がる、寒冷な空気の先端部分のことである。この現象は、しばしば荒れ狂う棚雲をともなうのが特徴だ。この写真はカンザス州ミードで撮影されたものである。ロジャー・コーラムは形成されたガストフロントが突然、嵐の雲から離れて広がったのを目撃した。「私たちは背後から流れ込む暖かい風の中で、しばらく何ごともなく立っていましたが、突然、嵐の雲から流れ出る冷たく湿った突風が顔を打ち、避難場所を探して逃げ回ることになりました」。ロジャーとストームチェイサーの仲間たちは、雹をともなったすさまじい嵐から逃れて、近くのガソリンスタンドの屋根の下に避難した。それを見ていたガソリンスタンドのスタッフたちは驚き、不安げに窓から外をのぞいていた。

電気的荘厳美

これは、伝説的なストーム・フォトグラファーであるエリック・グエン*が撮影した、スーパーセルが夜に見せたドラマチックな姿である。6月のある日、日中のアメリカ・コロラドプレーリーを横切る長い追跡の後にこの写真を撮影したグエンは「何というパーフェクトな1日の終わりだろう」とブログに書き込んでいる。2種類の稲妻（つまり左側の雲から雲への稲妻と、右側の雲から地表への稲妻）が静寂の星々の天蓋の下で間欠的に光り、うなって、周囲何kmもの範囲からわかる、不気味な灯台を作り出した。

* **エリック・グエン**：1978年生まれ。アメリカのプロ・ストームチェイサー、気象学者であり、写真家。2007年8月に自殺を図り、その治療中に死亡した。

4 劇的な雲たち

ダスト・ストーム

この写真はp.102とは別の激しいスーパーセルの竜巻である。より進んだ発達段階のものであり、周囲の空気を暴力的に吸い込み、大量のチリや土壌を巻き上げ、周囲に時速160km(秒速44m)以上のダウンバーストを吹き出しているようすである。写真家のロジャー・コーラムは飛んでくる砂塵からカメラを守るため、セーム革のクロスで包んで、荒れ狂う嵐で飛ばされないように両手で押さえつけた。「この嵐の稲光は素晴らしかった。この怪物のうなりは忘れられないよ」

白く長い雲の国

ニュージーランドはまさにレンズ雲の工場だ。
ニュージーランド北島・ルアペフ山上空に見られたこの雲が示すように、ニュージーランドの島々はもともとポリネシアンネームで「Aotearoa」、つまり「白く長い雲の国」と名づけられていた。
ここではごく普通の光景であるレンズ雲は局地的な現象であり、その成因（つまり山地）のある場所から遠くへ広がることはない。安定した気流の中で、それらは同じ場所に数時間もとどまって「浮いて」いるように見えるが、実際はまるでベルトコンベアに載っているように、湿った空気の流れが雲の中を通るときに片方の端で凝結して水滴となり、もう一方の端で蒸発して消えているのである。

中西部の畑に現れた竜巻と稲光

幅1kmものくさび形の竜巻が何トンもの赤色の表土を吸い上げ、雲底からは稲光が飛んでいる。1本の稲妻に見える現象は、カメラで撮影することでほぼ瞬間的に起きるいくつもの連続した落雷であることがわかる。アメリカ中西部のこの嵐に翻弄される小麦畑のドラマチックな写真でもそのようすがはっきりとわかる。成熟したくさび形の竜巻は、典型的なじょうご型の竜巻よりも大きな「被害の道」を作る。また寿命も1時間あるいはそれ以上と長く、地表を進みながらその渦によってすさまじい被害を残していく。竜巻の規模は改良フジタスケール*1（残した被害の大きさに基づくスケール）によって0〜5の階級に、またTORROスケール*2（風速に基づくスケール）では0〜11の階級に分けられる。この写真の怪物はフジタスケールでいえば4あるいは5に位置づけられるものだ。

*1 **改良フジタスケール**: 藤田哲也・シカゴ大学名誉教授が1971年に提唱した竜巻の規模を表す階級を改良したもの。現在国際的に広く用いられている。F0〜F5の6段階で表され、特にF5は風速117m/秒（時速419km）以上の強烈な暴風となり「住家は跡形もなく吹き飛ばされ、立木の皮がはぎとられてしまったりする。自動車、列車などが持ち上げられて飛行し、とんでもないところまで飛ばされる。数トンもある物体がどこからともなく降ってくる」と定義されている。日本で観測された竜巻はF4が最大。

*2 **TORROスケール**: ビューフォート風力階級をもとにTORRO(The TORnado and storm Research Organisation)が考案した竜巻の階級。風速によりT0からT11の12段階に分けられる。主にイギリスで用いられている。

111

4 劇的な雲たち

* 　**地表面を完全につないだ渦巻**：渦巻が地面に接していないものは竜巻に含めない場合や、そのように定義している機関もある。

「サソリの尾」の竜巻

気象学者にとっての「竜巻」とは、スーパーセルの雷雲と地表面を完全につないだ渦巻のことをいう*。しかし、私たち気象学者でない者にとっては、アメリカ・ネブラスカ州のクレイでロジャー・コーラムが撮影したこの写真のように、ストーム・クラウドからつり下がった「じょうご」のような現象のことである。冷たい流出気流がじょうごを雲底の中心から横に押し出して「サソリの尾」の形を作り出している。ロジャーはこの力強い竜巻をどうにか2枚撮影できたが、ゴルフボールほどの大きさの雹が彼の頭を直撃したため、その日の仕事を切り上げることにしたという。この嵐は少なくとも1ダースの竜巻を生み出し、そのうち3つは1カ所で同時に地表にまで到達した。

ダスト・トルネード

竜巻にはその足跡の直径が2～3kmもある大きなものから、わずか2mくらいの小さなものまでさまざまな形や大きさのものがある。この写真は西オーストラリアのノーサム近郊で土ぼこりを巻き上げている小型の竜巻である。このような小型の竜巻は寿命も短いことが多く、それによる被害も小さい（改良フジタスケールでは「F0」となるだろう）。ねじ曲がり、くるくる回転しながら地表を横切っている姿はとても印象的だが、やがてほどけて消えてしまい、通った跡に表土を巻き上げた痕跡だけを残すのだ。

皿状のスーパーセル

ストームチェイサーであるジム・リードは長い追跡の末に、アメリカ・カンザス州の中南部を猛烈な勢いで横切って暴れ回った、この類を見ないスーパーセルのドラマチックな姿を撮影した。スーパーセルとは、その中心部に強烈に回転する上昇流を持った長寿命で強力なサンダーストームのことだ。この写真でも、暴風を起こす荒れ狂う雲底部で、土ぼこりを舞い上げてそれを小麦畑に撒き散らかしているようすがはっきりとわかる。ジム・リードは後になって、水平方向の筋がたくさん見られるこのスーパーセルを、「それはこれまで見た中で、最も異常な形のストームだった」と語っている。彼はその日の午後を、南へ進むこのストームを追いかけて過ごした(中西部のストームはほとんどが北方向に進路をとるのが普通なのだが)。ちょうど夕日が沈みかけたとき彼は車から飛び出し、「ゴルフボール大の雹をよけながら」もなんとか、この素晴らしい「背後から夕日に照らされている、降雨のない、皿のような形状をした珍しいスーパーセル」の写真を撮影した。

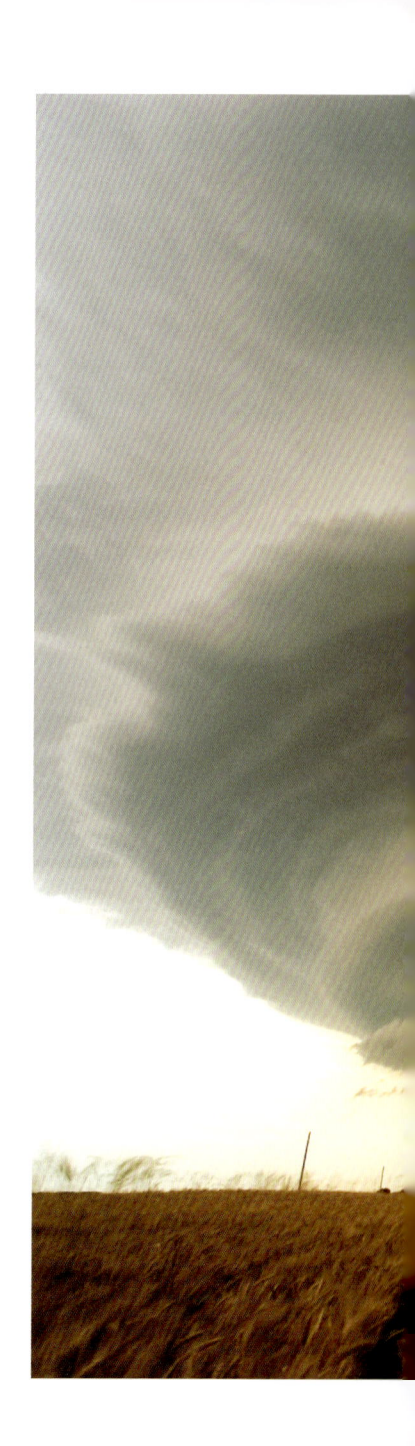

4 劇的な雲たち

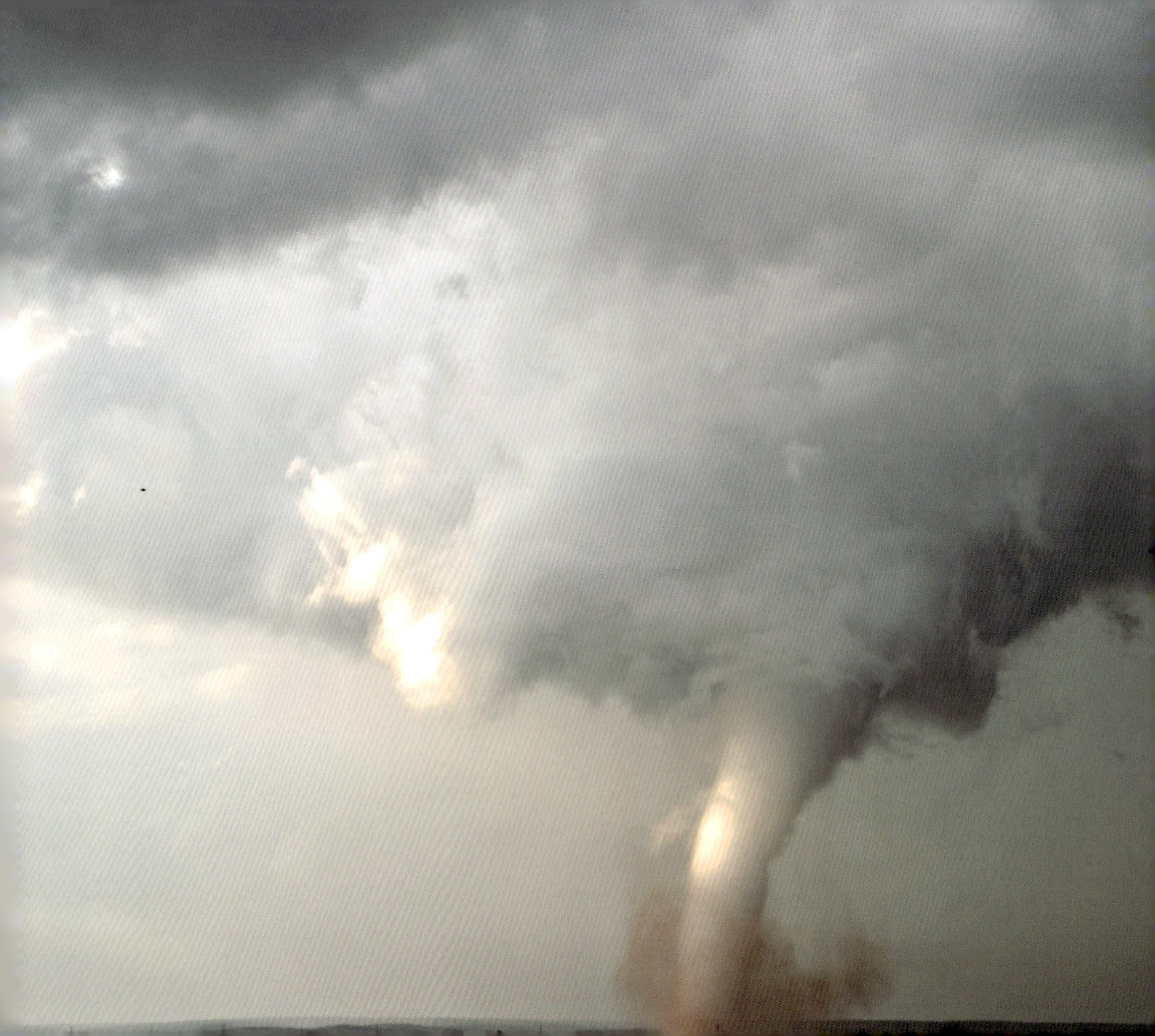

テキサス州パンハンドルの竜巻

竜巻のじょうごの下にできるデブリ（破片・がれき）の雲は、それが発生した場所の環境を反映して多様な色を帯びる。その色は水面や雪面を通過するときの明るい白から、泥やがれきを巻き上げたときのほとんど黒色までさまざまだ。写真の「象の鼻」状の竜巻の基部は、そのわずか40分の寿命の間に通過したアメリカ・テキサス州シルバートン近郊のレッド・リバーの土手の砂によって赤みがかった茶色に色づいている。竜巻は時速500km（秒速139m）を超える、地球上で最も強い風を生み出すことがある。この写真を撮影したエリック・グエンは、この嵐が2km以上向こうにあったにもかかわらず、ときには立ち上がることすらできなかったという。

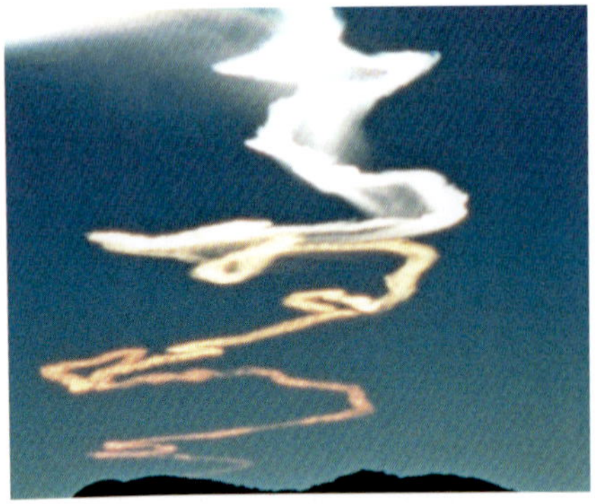
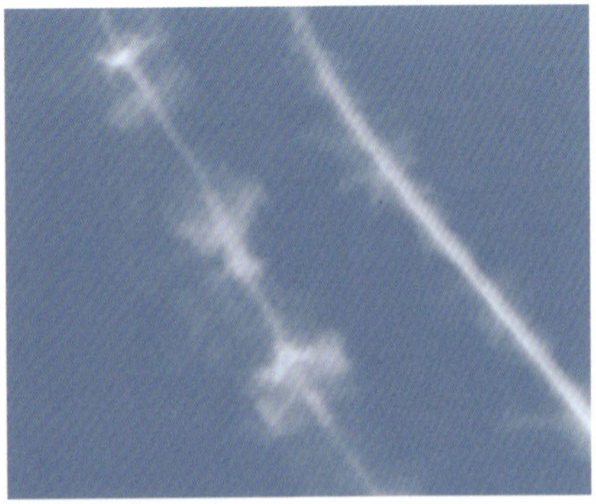
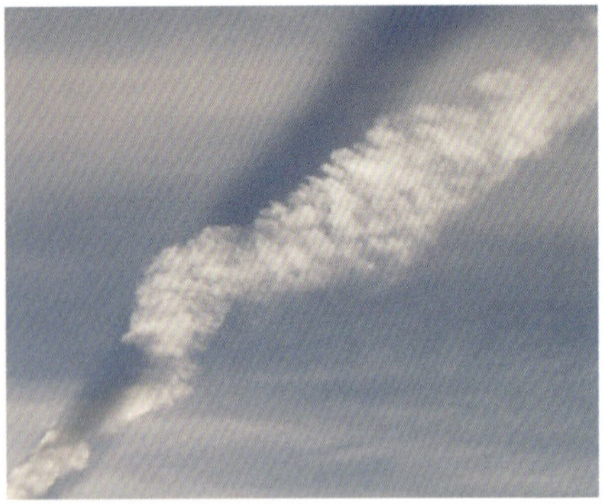
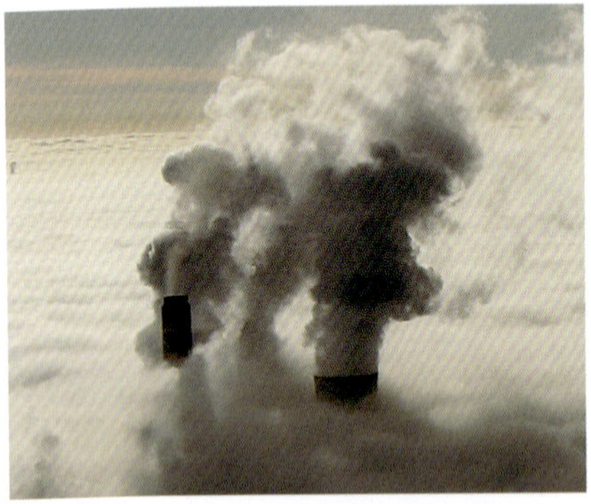
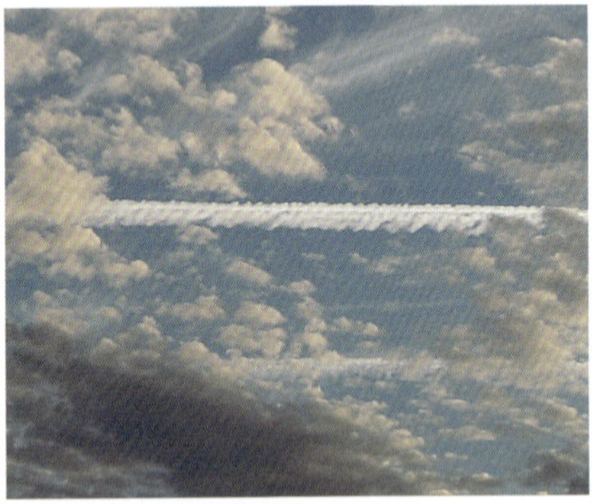
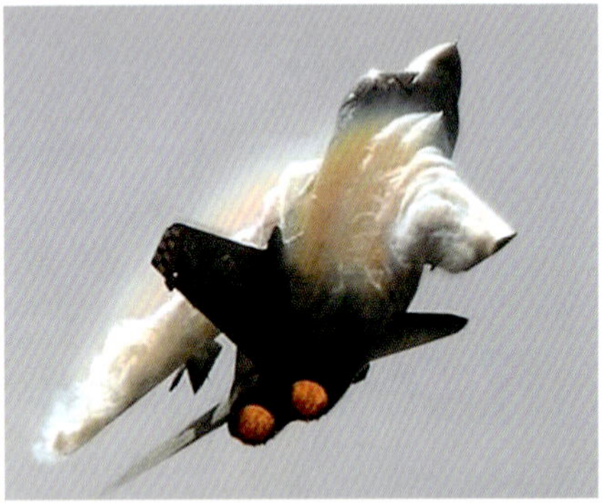
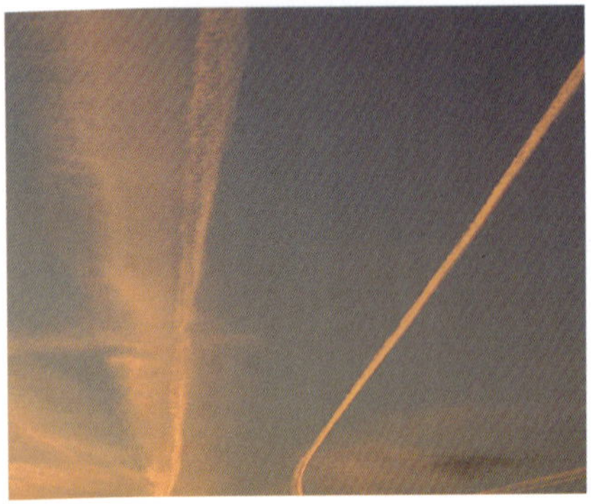
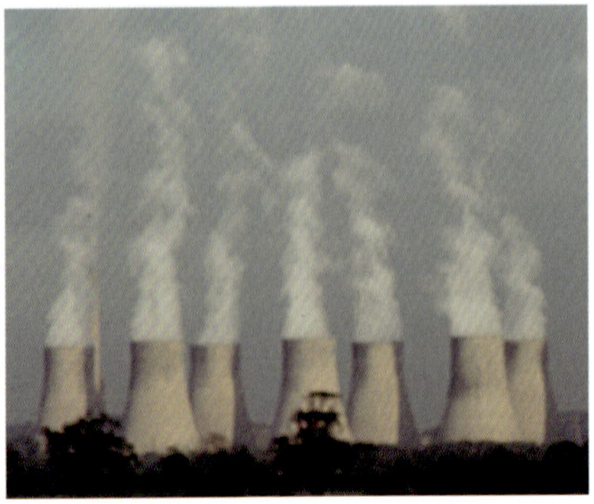
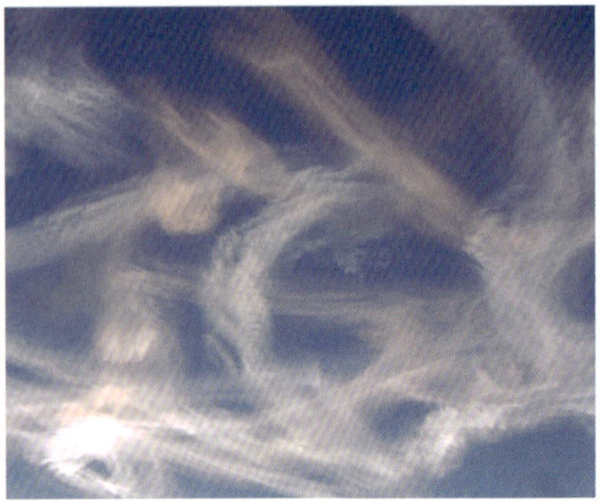

人間によって
作られた雲
Man-made Clouds

人間活動の影響は、
この惑星のあらゆるところにその痕跡を残す。
それは大気中においても同様であり、
人工の雲は、あっという間に空の中で
最もその痕跡がわかりやすい現象となった。

煙状雲

煙状雲*¹は工場の冷却塔の上にできる人工の積雲状の雲である。この写真ではイギリス・ノッティンガムにある発電量2000MWのラトクリフ・オン・ソア火力発電所の8本の冷却塔からの暖湿な空気が上昇して広がり、水分が凝結して低く横たわる積雲となっている。その雲底は地表からわずか200～300mしかない。もし、すでに水分が大気中に充分存在しているようなときには、この雲はさらに大きく成長し周囲に広がって漂う。微風で穏やかなこの日、雲は風に流されることなく、その発生源の上にそのまま滞留した。写真家のステファン・バートは1981年にM1モーターウェイ*²を南方向に走っているときに、この写真を撮影した。

*1　**煙状雲**：原文では「Fumulus Cloud」。熱対流による積雲＝熱積雲(p.127参照)のうち、工場や発電所の冷却塔から放出される水蒸気と熱によってできる人工の雲をいう。適当な日本語の学術名が存在しないと思われるため、ここでは仮に「煙状雲」とした。

*2　**M1**：ロンドンからリーズをつないでいる、イギリスの南北を結ぶ高速道路。

楽譜の空 その1

この写真はイギリス南東部上空を同じ方向に次々と飛ぶ航空機による平行に大きく広がった飛行機雲であり、p.69の「腕時計」の写真のわずか90分後に撮影されたものだ。

ゆっくりと沈降していく氷の粒でできたループ状の形状は、航空機の航跡にできる後流渦によるものである。その位置の変動や広がりの変化は対流圏上層の強い風と周囲の大気の湿度に左右される。写真中の色づいた光点は「フレア(カメラレンズの内部反射による像)」によるものであり、実際に光景の中にあるものではない。

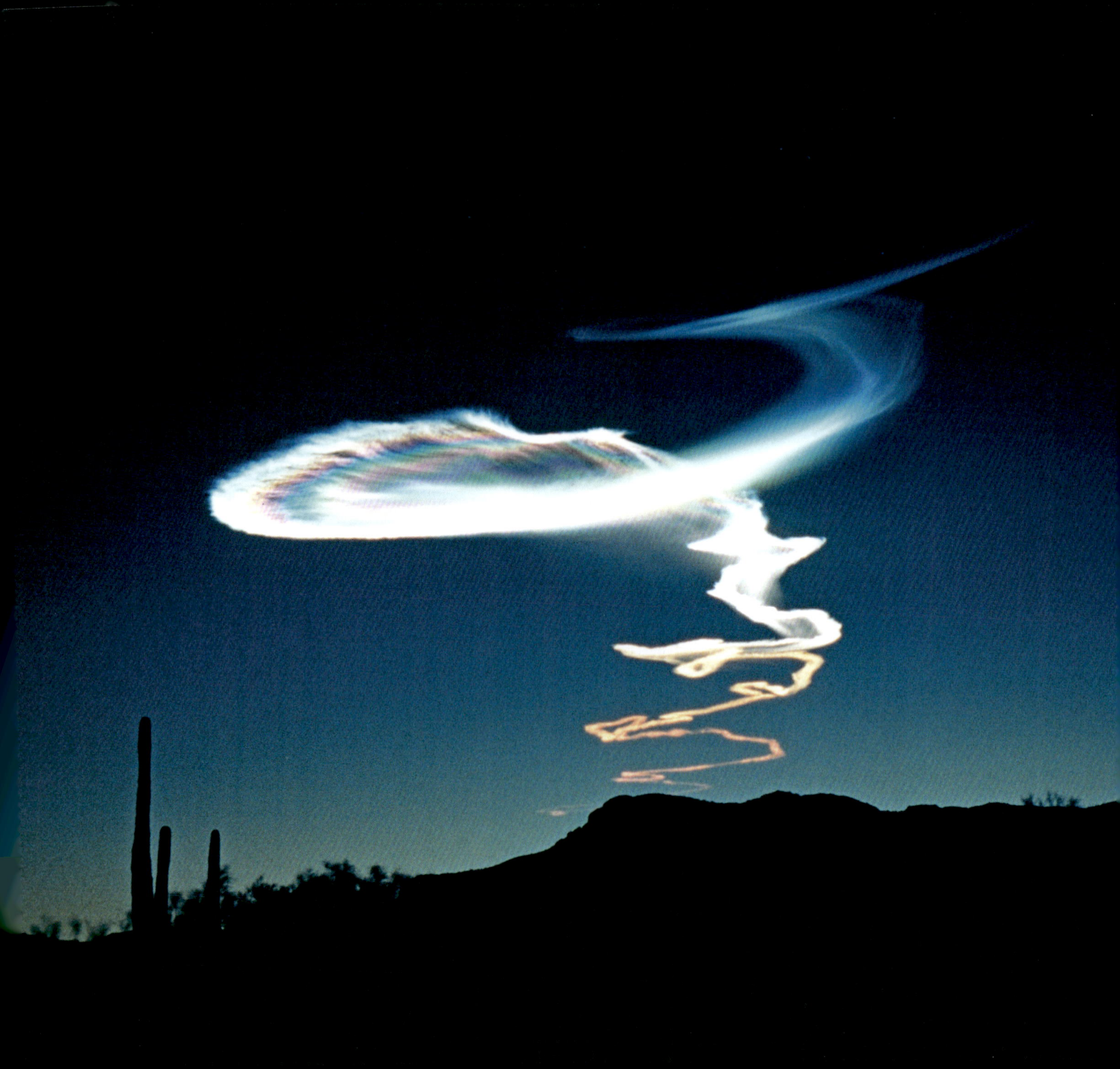

ロケットの航跡の夜光雲

アメリカ・ニューメキシコ州、ホワイドサンズ基地から打ち上げられたミサイルによる高々度の飛行機雲で「短命な真珠色の夜光雲」ができた。ミサイルの排気による水蒸気は低温の上層大気中で凍結して氷晶となり、地平線の下から届く太陽光を回折し輝く夜光雲を作る。雲の最上部は極成層圏雲(または夜光雲)に似た真珠色に輝いている(p.78を見てほしい)が、雲の低い部分は大気下層のチリや水滴によって青色の光が散乱され失われるために赤色を帯びている。この渦巻状の形状は高度によって風速が違うことによるものである。この写真は夜明け直前にアリゾナ州フェニックスの東にある、その名にふさわしい迷信の山*(スーパースティション山)で撮影された。

* **迷信の山**: スーパースティション山。アリゾナ州フェニックスの中心部の東にある。この地域にはさまざまな形状の山岳地形が集まっており、広くアリゾナ近郊の住民のレクリエーションエリアとなっている。周辺は政府によって「Superstition Wilderness Area(迷信原生自然環境保全地域)」に指定されている。

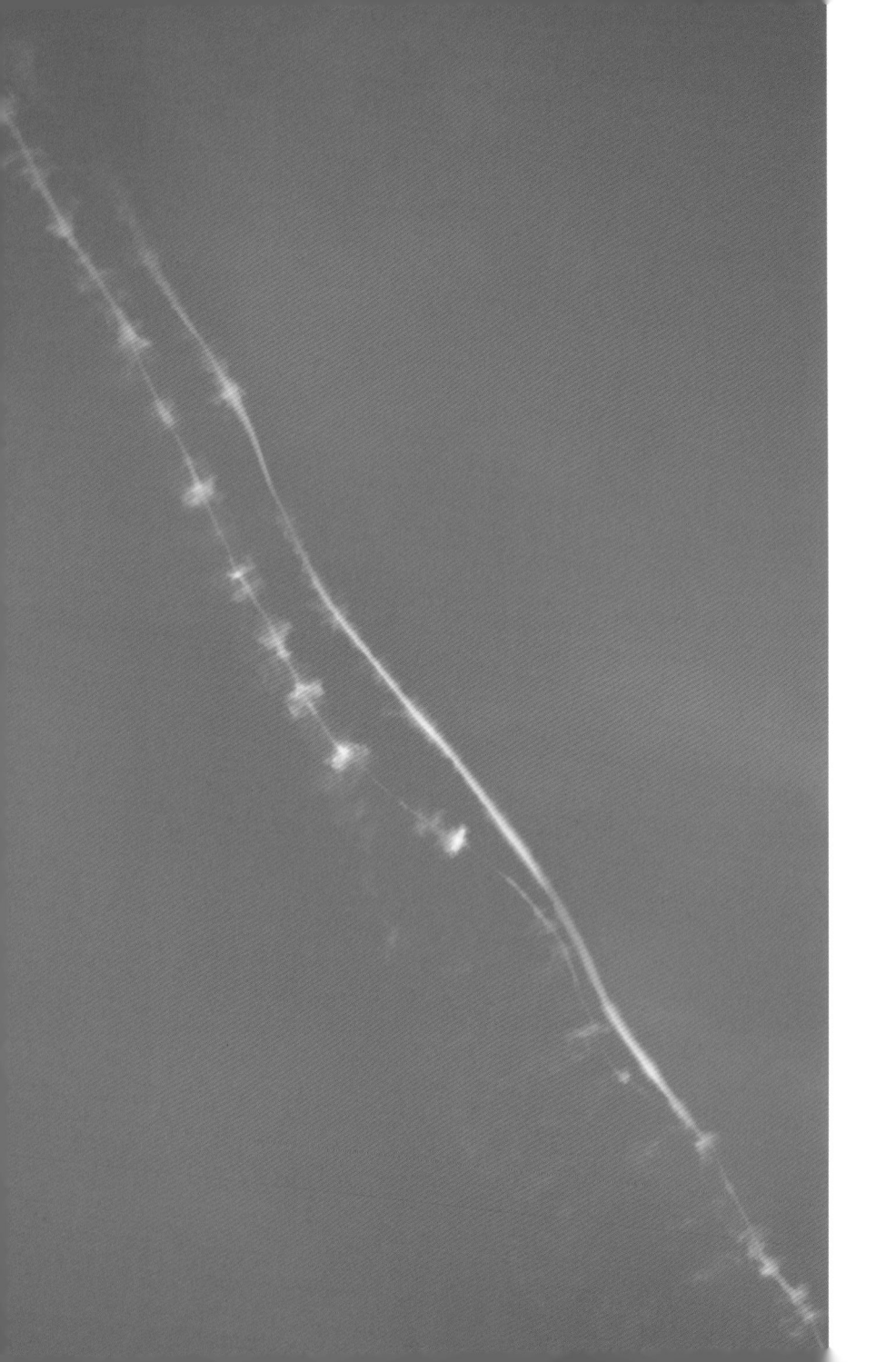

有刺鉄線のような
飛行機雲

双発機からの排気が異なった2つの形状の飛行機雲を作り出した。これは、この飛行機が飛んだ高度8kmあたりの大気の状態が、鉛直または水平方向で急激に変化していることを示している。ほとんどの旅客機は2機または4機のエンジンを搭載しているが、普通は1本の線状の飛行機雲を作る。飛行機雲がすぐ消えるか数時間程度継続するかは、対流圏上層の温度、湿度、そして風の条件によって決まる。ステファン・バートが「ほとんど天頂近くを見上げて中望遠レンズを使って撮影した」というこの写真では、飛行機雲が急速な蒸発のようすを示しており、このときイギリス・バークシャー上空には比較的水蒸気が少なかったことがわかる。

ウィング・クラウド

トルネード戦闘爆撃機[*1]の翼の上にできた泡のような塊。この奇妙な人工の雲は、「失速[*2]状態」による翼の上面側の急激な圧力の低下が原因で発生した(この効果は、トルネードの可変翼によってさらに増幅されている)。急激な気圧の低下は空気中の水分を凝結させ、翼の上面に雲を作る。これはp.139の衝撃波による雲と同様に非常に寿命の短い現象であるが、それとは逆に低速度のときに発生する。

[*1] **トルネード戦闘爆撃機**: イギリス、ドイツ、イタリアの協同で開発された全天候型の多用途攻撃機。近接航空支援、艦艇攻撃、偵察など用途別に多くの派生型がある。

[*2] **失速**: 翼の迎え角を増加させすぎて、その結果抗力が急激に増大し、同時に気流が翼正面から剥離して揚力の急減が生じることで、機体の安定度を著しく損ねた状態。

飛行機雲の影

スコットランド・ダンディーの上空のようす。夕方の低い太陽が、上空に広がった巻層雲へ上向きに飛行機雲の影を投げかけた。そのねじれたような形状は奇妙な遠近法効果を生み出して、飛行機雲が実際より低いところにあるように見える。p.49のリング状の飛行機雲でも解説したように、このような光学的な効果はいわゆる「ケムトレイル」説、つまり典型的な特徴を持たない航跡は航空機から排出された水蒸気によってできたものではなく、国家のエージェントによって密かに化学的あるいは生物学的な病原体が大気上層に組織的にばらまかれていることで発生する、という考えを存続させる理由となってしまっている。

熱積雲

熱積雲*は地表での燃焼によって水蒸気を含んだ空気が強烈に熱せられることによりできる。この雲は人工の熱源の上に見られることが多いが、ときには火山の噴火や森林火災によっても発生し、それらを作り出した炎を消してしまうほどに大きく強烈になることさえある。また、雷を発生させるほど強力に発達し、より大きな炎や雲を発生させたりもする。この写真は北西タスマニアの森林火災上空で撮影されたもので、燃える植物から発生する多量の水蒸気を含んだ強力な熱対流ができ、急激に上昇して冷えることで水分が凝結、巨大な積雲状の雲となっている。

* **熱積雲**：原文では「pyrocumulus」。pyro＝「熱・火」とcumulus＝「積雲」の合成語。ファイアクラウドとも呼ばれる、森林火災や火山の噴火などにともなう濃い積雲状の雲。高温な気塊が、同時に放出される水蒸気とともに対流を起こすことが原因でできる。森林火災などでは燃焼によって生成する灰の微粒子が凝結核となることで、濃い灰色や茶色の雲となることが多い。工場地帯などの人工物が熱源となることもある。正式に定義された和訳が見あたらないため、ここでは「熱積雲」とした。

上空からの煙状雲

イギリス・オックスフォードシャーにあるディドコット発電所[*1]の冷却塔が低層の層雲を突き抜けて、石炭とガスの燃焼によってできた煙状雲が渦巻き、その上空3kmほどまで続く穏やかな空気層中にたまっている。同じ煙状雲[*2]を扱ったp.120の例とは対照的に、中層の高さの水分が比較的少ないために、この雲は持続することも大きく発達して積雲状の雲になることもなく、層雲の上の乾いた空気層の中で速やかに蒸発している。上空に3つめの雲の層が見えるが、これは接近しつつある前線に先だって西の水平線を進行する巻層雲の帯であり、不安定な天気が近づいてきているサインだろう。

[*1] **ディドコット発電所**：石油・石炭の混合プラントと天然ガスプラントの2種のプラントを持つ火力発電所。

[*2] **煙状雲**：この名称についてはp.120を参照のこと。

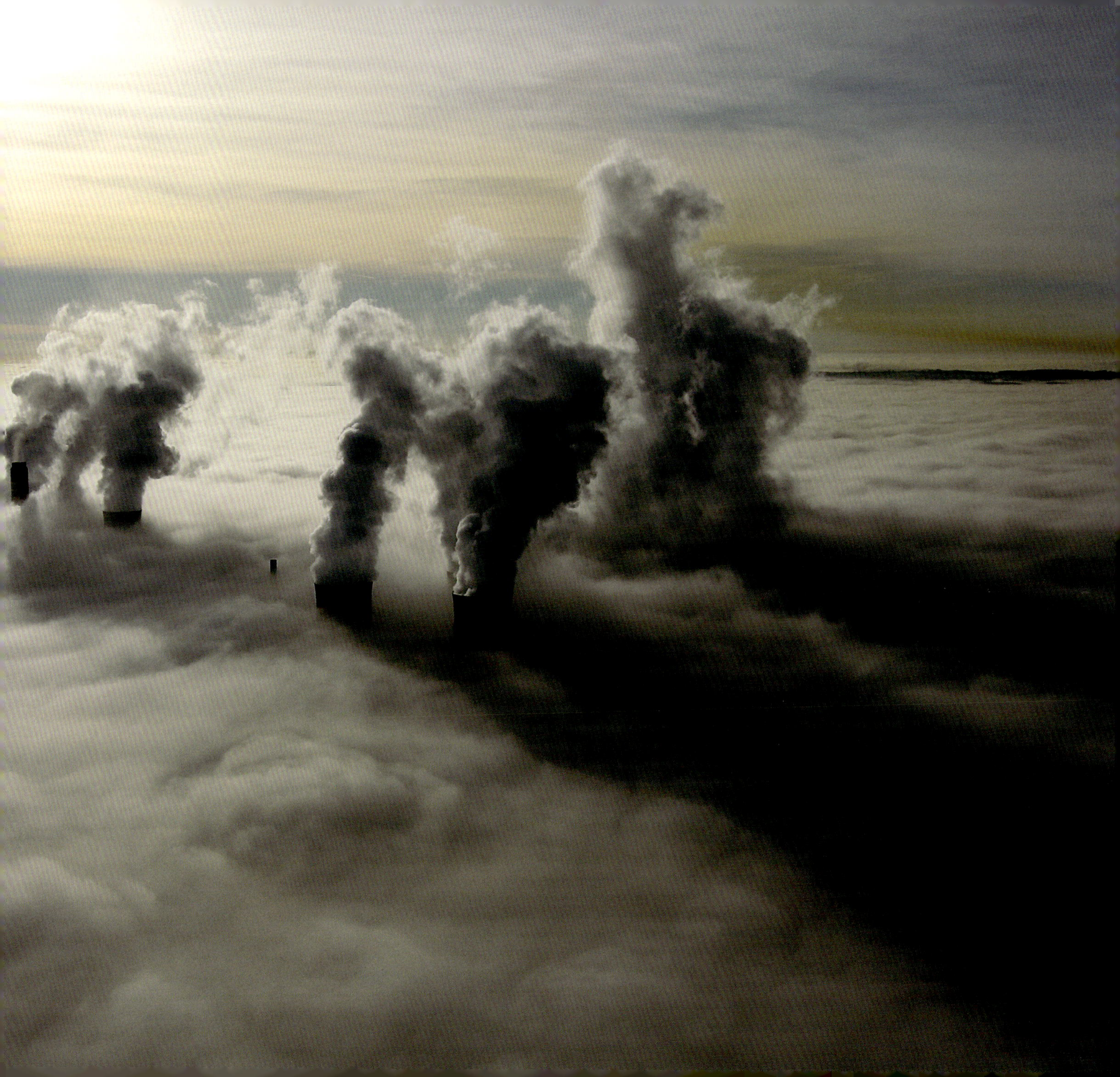

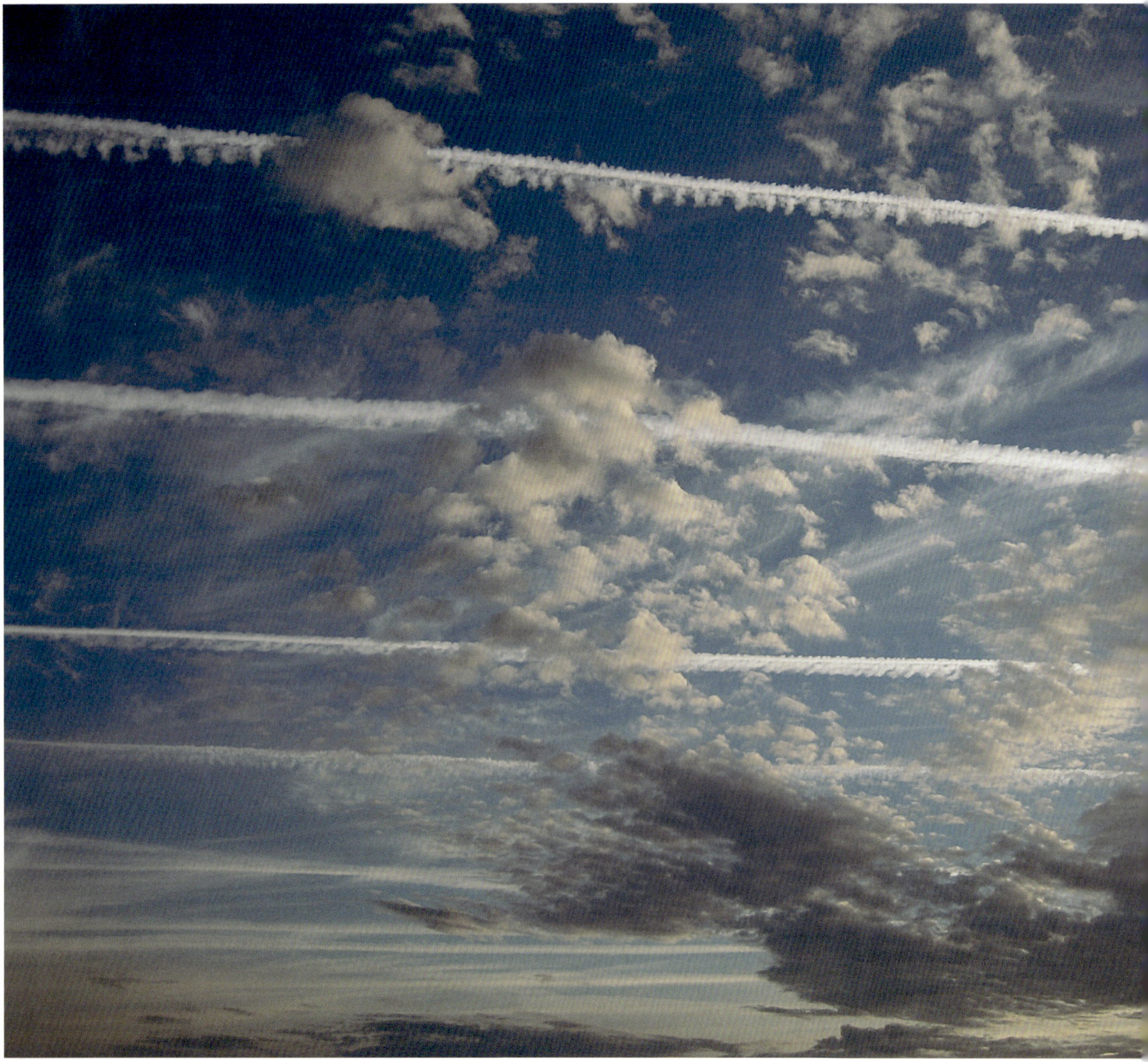

楽譜の空 その2

フランス・ブルターニュ海岸上空を通過する航空機によってできた、積雲と高積雲の上に高く浮かぶ、ほぼ平行に並んだ飛行機雲。過去半世紀間の航空産業の発展の結果、飛行機雲はその影響が理解されないままに、世界で最もありふれた雲になった。

アメリカの9.11テロ直後の、航空機がまったく飛ばなかった期間(アメリカではこのテロの後3日間商業的な飛行は禁じられた)に測定されたデータによって、この間昼間は少し暖かく、夜は少し低温となったことがわかった。

その原因は、昼は地表に届く日射量が増加し、逆に夜は放射量が増加したことにある。この調査結果からだけでは、飛行機雲が地球全体の温暖化、あるいは寒冷化の効果を持つのか判断できないが、ますます増え続けるこの人工の雲が大気にある程度の影響を及ぼしているのは明らかである。

プロペラ先端の渦

南フランスの上空低く飛ぶハーキュリーズ機の4つのプロペラが、雲のリボンで飾られている。翼やプロペラの後ろにできる、回転する空気の管である「後流渦」は、揚力を得る際の副産物である。その回転する中心部の強烈な減圧によって水蒸気は凝結し水滴となって渦の中にすぐに消えてしまうループ状の雲を作り、後流渦の渦巻が一時的に見えるようになる。

普通は、このような雲は蒸発してしまうまで数mほどしか伸びないが、発生した渦自体は大きく強力に成長することがあり、その粘性と乱流によって近くを飛ぶ航空機の離陸や着陸の際に危険を及ぼす場合がある。

空中に浮く熱積雲

イギリス・ソールズベリー近郊、燃える刈り取り後の畑の上空で、熱対流によってできた不気味な薄黒い熱積雲が夕方の空をバックに浮かんでいる。p.127の森林火災のものに比べてその規模はかなり小さいが、ここでも同様のプロセスが起きている。つまり、植物が燃えて出る熱と水分が暖湿な空気塊を作り、そこに微細な煙と灰の粒子も供給され、それらが凝結核*としてはたらくことで、上昇する空気中の水蒸気が水滴となり低く荒々しい雲ができたのだ。広範囲にわたる森林火災の雲とは違い、このような雲は普通それほど長く続かない。炎が下火になりはじめると、この暗くて小さい雲はすぐに崩壊しはじめ、その煤けた内容物を四散させる。

* **凝結核**：大気中の水蒸気が凝結して水滴となる際にその中心の核としてはたらく、大気中に浮遊する半径0.1μm程度の微粒子。普通は海からの海塩粒子や陸からの土壌粒子などがその正体。

夕方の飛行機雲

戦時中サーチライトが夜の空を捜天しているかのように、氷でできた飛行機雲の束が夕方の最後の光を捕まえた。

この写真は上空に強い北西の風が吹く秋の終わりに撮影された。上空の風は古い飛行機雲(左)を右から左方向へ広がらせ、広範囲にわたる人工の巻雲の塊を作り出している。広がりはじめたばかりの2本の新しい飛行機雲は、イギリス・バークシャー、ストラトフィールド・モーティマー*の地表約8kmの高さで夕日に照らされ、印象的なX字形を作っている。飛行機雲に見られる乱れは航空機が残した後流渦によってできたものである。

* **ストラトフィールド・モーティマー**：ロンドンから約80km西にある町。

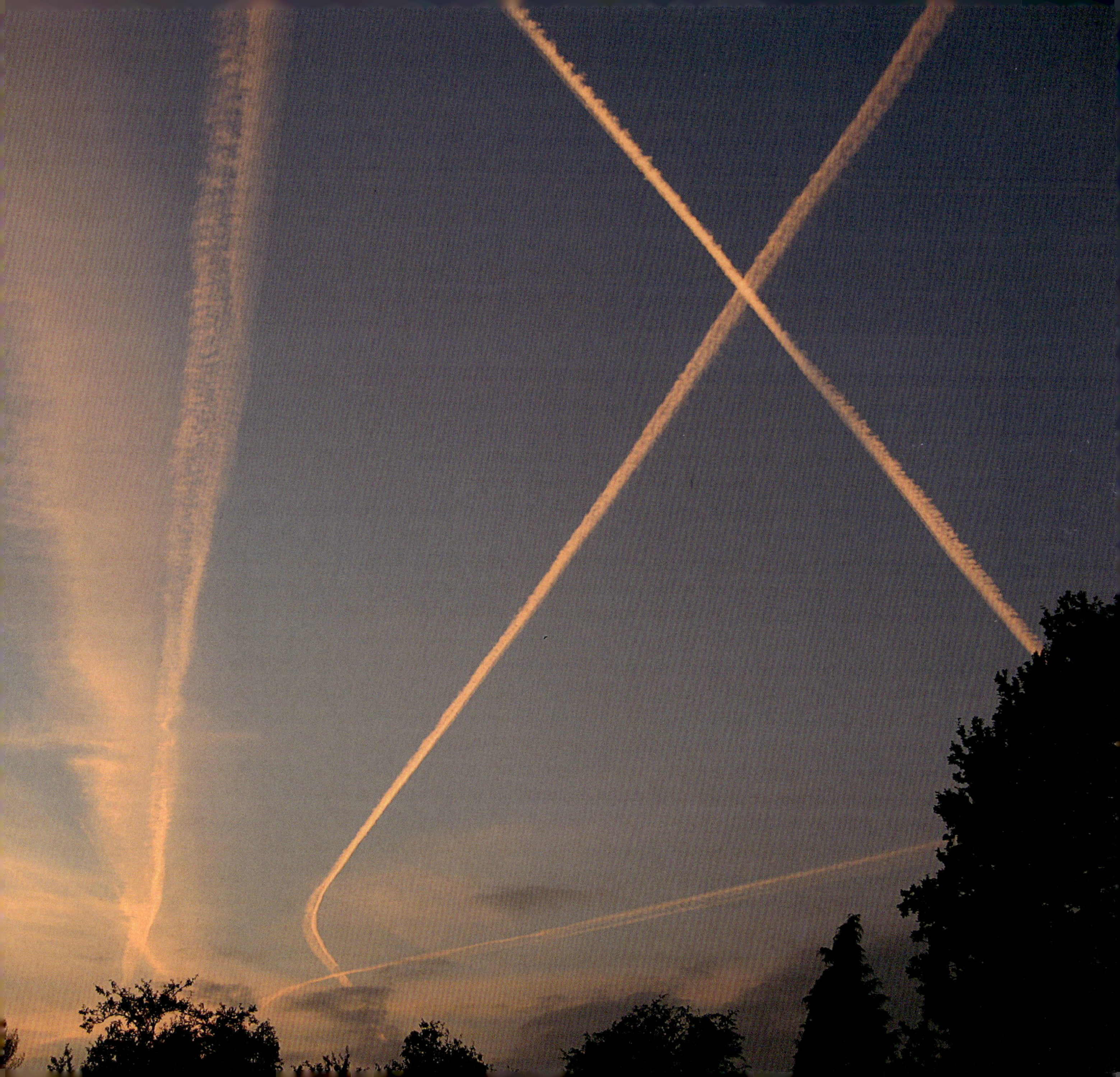

スペースシャトルの飛行機雲

NASAに3機残されたスペースシャトル*1のうちの1機の打ち上げ後、フロリダ海岸上空を舞う氷晶でできたねじれたリボン。スペースシャトルからの膨大な量の排気の97%は水であり、シャトルが高度300km以上の「熱圏」*2にある軌道に到着するまでの8分の間に上層大気中で凍結する。高さによって異なるさまざまな風が、凍結した飛行機雲を曲がりくねった形に変えている。この素晴らしい写真は、ケネディ宇宙センターから18km南のバナナ川橋で撮影されたものである。

スペースシャトルの長い排気の噴煙は地表への電流の通り道を作り、稲妻を発生させる引き金になることが知られている。そのため、積乱雲のかなとこ雲が発射場の周囲半径16km以内に存在しているようなときは、発射が行われることはない。

*1 **3機残されたスペースシャトル**：スペースシャトルは6機製造された（そのうち1機は滑空テスト機で実際の宇宙への飛行はない）。そのうちコロンビア、チャレンジャーの2機は事故によって失われ、ディスカバリー、アトランティス、エンデバーの3機が運用されていたが2011年にすべて退役し運用を終了した。

*2 **熱圏**：地球にある大気の層のひとつ。対流圏、成層圏、中間圏のさらに上にある、高度80〜800kmの希薄な大気層。太陽からの短波長の電磁波などのエネルギーを吸収して、気温が1000℃以上にまで上昇することがあるためこの名前がある。電波を反射・吸収する電離層があり、またオーロラは主にこの層内で起きる現象である。

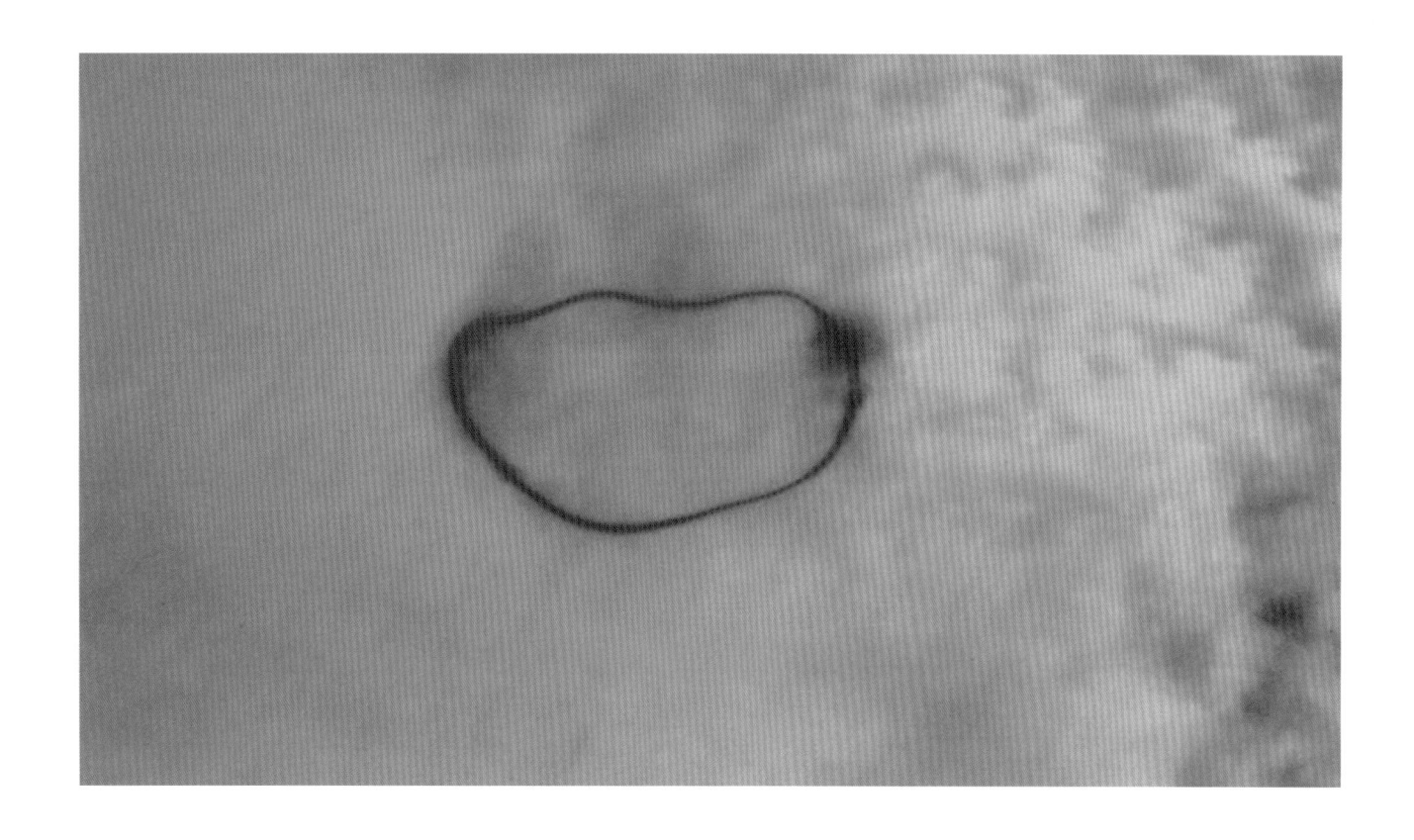

ドラゴンのような煙の輪

煙のリングが層積雲の低い雲底と混ざりあって、スコットランドの飛行場の上空に浮かぶ。厳密な意味では雲とか飛行機雲の一形態といったものに分類すべきではないが、それでも大変印象的な大気現象であり、まれにしか撮影されない。この写真は気象学者のノーマン・エルキンスが、スコットランド・ファイフのルーカーズ[*1]で行われた航空ショーで撮影したものだ。イギリス空軍のジェット機が低空爆撃のシミュレーションをしたとき、天候は穏やかだった。「同時に起こったいくつかの爆発がこの煙の輪を発生させ、それ自体は紐状の長さ方向に高速で回転していた[*2]。ひとつ考えられるのは、穏やかな環境の中で飛行機の通過によって作り出された渦が、煙をリング状に変形させ、回転させたということだ」とノーマンは言っている。同様な光景はアメリカ・テキサス州サンアントニオで、2003年7月に変圧器が落雷にあった後に撮影されており、地方紙の紙面を賑わせた。

＊1　ファイフ・ルーカーズ：スコットランド中央部東端ファイフにある小さな町。英国空軍の基地がある。

＊2　煙の輪…高速で回転：たばこの煙で作った輪や、水族館で有名なバブルリングのように回転する輪を想像すれば理解できる。

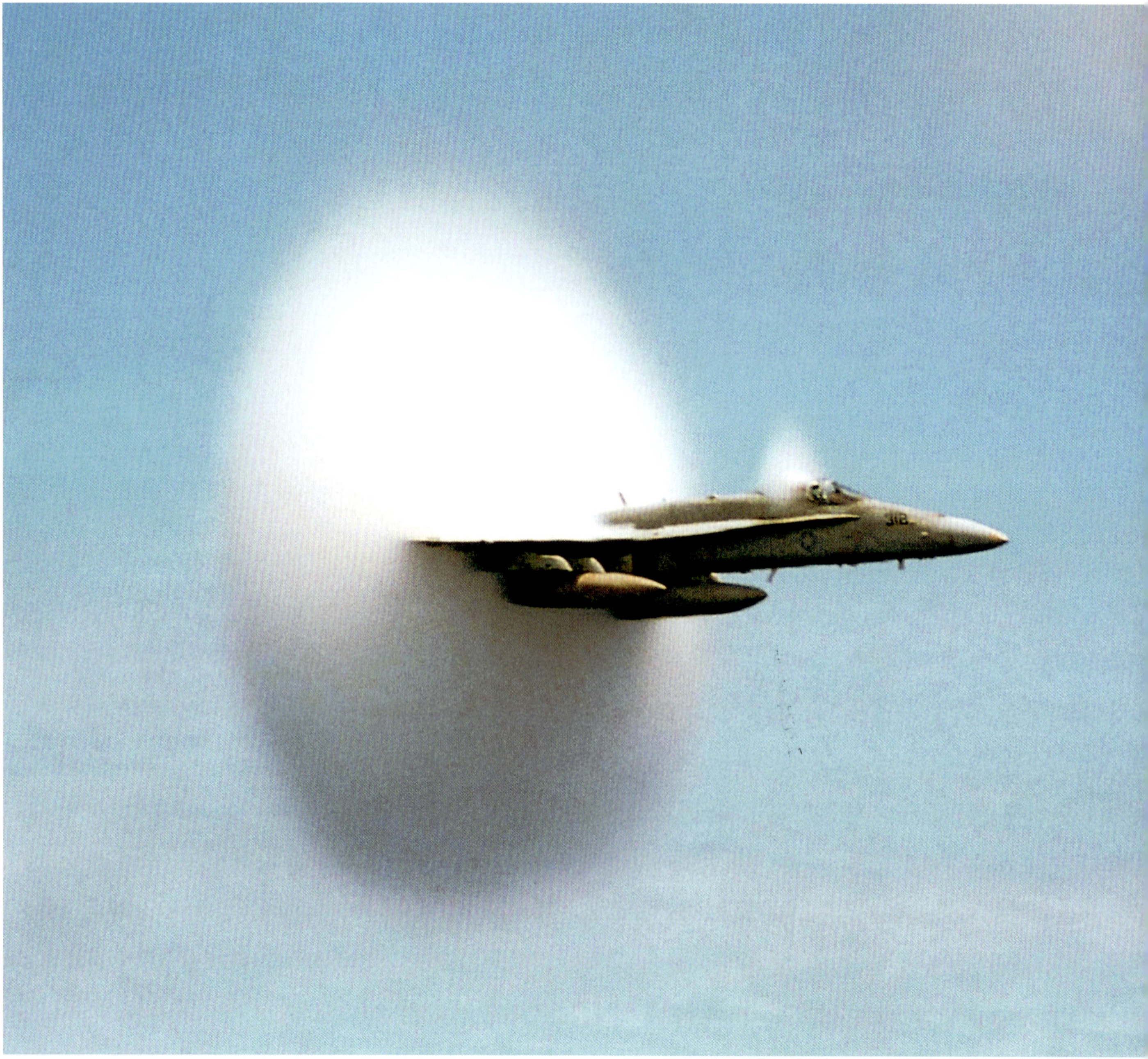

衝撃波の雲

このレアな写真は、エンサイン・ジョン・ゲイが太平洋上の空母、コンステレーション*のデッキ上から撮影したのもので、F/A18ジェット戦闘機が音速の壁を突破して短命な「衝撃波の雲」を作った瞬間である。この特殊な現象について、科学的に正確な説明はまだされてはいない。しかし、海面近くでジェット機が加速し、周囲の空気を冷却するのに充分な速度で移動するときに発生すると思われる。飛行機が水上で音速（時速約1200km）に近づくと、前方への音波によって作り出された圧力は空気中の水分を圧縮、これが移動する航空機の上で急激に膨張して雲の球を形作る。これらの「人工の」雲はほんの数秒しか持続しないのだが、しかし、エンサイン・ゲイによれば「君たちが見たことのない最もクールなもの」らしい。

* **コンステレーション**：アメリカ海軍のキティホーク級航空母艦。全長327m、乗員数4000名の巨大空母。2003年に退役。

写真クレジット

これらの写真を探して、その著作権保有者を追跡してくれた雲鑑賞協会のギャヴィン・プレイター＝ピニー、国立気象図書館のスティーブ・ジェブソンに深く感謝します。

12 © Stephen Cook; 13 © Sandy Boulter; 14 © Marco Cappelletti; 16, 20, 21, 28 © Jeff Schmaltz/NASA; 27 © Jacque Descloitres/NASA; 17 © Sciences DAAC; 18, 24, 25, 32, 44, 52, 53, 55, 57, 61, 75, 76, 78, 86, 110, 122, 138 © Science Photo Library; 23, 48, 97, 102, 104, 105, 108, 112 © Roger Coulam ; 29, 74 ©John Deed/www.flyingpigments.com; 30 © Marco Lillini; 37 ©Jorn Olsen; 38 © Jurgen Oste; 39 © Heinz Bittner; 40 © Ian Dennis; 41 © Maria Carreras ;42, 51, 71, 92, 93, 94, 115, 116 © Corbis; 45 © J. M. Pottie; 46 © Jason Cutler; 49 © Dr R. Harris; 56 © Prof. A. H. Aver Jnr; 58 © J. Bowskill; 59 © P. D. Harris; 64, 66, 68, 96, 120, 121, 124, 135 © Stephen Burt; 67 © J. M. Moore ; 72 © Randy Yit; 77 © Jim Karanik; 80 © Andrew David Kirk; 81, 113 © PJ May; 83 © Thomas Dossler; 84© A. Best; 85 © R. I. Lewis-Smith; 90 © Jane Wiggins; 98 © Jamie Watts; 100© J. M. Attwell; 101 © Vicki Harrison; 107 © Eric Nguyen; 109 © Glyn Hubbard; 125 © Micahel Jacobssen courtesy of highgallery.com; 125 © Ken Bushe; 127 © Gary McArthur; 129 © David Fuller; 130 © Philippe Bouasse/Devarieux; 132 © I. M. Brown; 133 © G. J. Jenkins; 136 © Hanford R. Wright; 137 © N. Elkins.

これらの写真は非常に多くのソースから提供されており、可能な限り承認を得ています。もし、写真がクレジットまたは承認なしで使われているときは、私たち自身の過ちではないかもしれませんが、心からお詫びをします。もし知らせていただければ、出版社によって次の版より誤りや脱落箇所を修正します。

参考図書

Day, John A., **The Book of Clouds** (New York, 2006)

Dunlop, Storm, **Weather: Spectacular Images of the World's Extraordinary Climate** (London, 2006)（ストーム・ダンロップ『気象大図鑑』山岸米二郎監修、産調出版）

Hamblyn, Richard, **The Invention of Clouds: How an Amateur Meteorologist Forged the Language of the Skies** (London, 2001)（リチャード・ハンブリン『雲の「発明」：気象学を創ったアマチュア科学者』小田川佳子訳、扶桑社）

-, **The Cloud Book: How to Understand the Skies** (Newton Abbot, 2008)

Herd, Tim, **Kaleidoscope Sky** (New York, 2007)

Higgins, Gordon, **Weather World: Photographing the Global Spectacle** (Newton Abbot, 2007)

Hollingshead, Mike and Eric Nguyen, **Adventures in Tornado Alley: The Storm Chasers** (London, 2008)

King, Michael D., et al (eds), **Our Changing Planet: The View from Space** (Cambridge, 2007)（M. D. Kingほか『変わりゆく地球—衛星写真にみる環境と温暖化』中島映至ほか監訳、丸善）

Met Office, **Cloud types for observers: reading the sky** (Exeter, 2006)

Pedgley, David E., 'Some thoughts on fallstreak holes', **Weather** 63 (2008):356-60

Pretor-Pinney, Gavin, **The Cloudspotter's Guide** (London, 2006)（ギャヴィン・プレイター＝ピニー『「雲」の楽しみ方』桃井緑美子訳、河出書房新社）

-, **A Pig with Six Legs, and Other Clouds** (London, 2007)

Reed, Jim, **Storm Chaser: A Photographer's Journey** (New York, 2007)

Wilcox, Eric M., **Clouds** (London, 2008)

World Meteorological Organization, **International Cloud Atlas**, 2 vols (Geneva, 1975; 1987)

謝辞

　『驚くべき雲の科学』のためのリサーチ過程で協力いただいた方々、特にデーヴィッド＆チャールズ社のニール・バーバー と 雲鑑賞協会のギャヴィン・プレイター＝ピニー、ユニヴァーシティ・カレッジ・ロンドン(UCL)環境研究所のアーチストであるマーチン・ジョン・カラナン、国立気象図書館のスティーブ・ジェブソンらに感謝する。また、自身の写真について多くの基本的な情報や、同様にいくつかの写真について見解を提供してくれたスティーブン・バートとロジャー・コーラム、p.137のスモークリングの写真について何が起きたのかを説明してくれたノーマン・エルキンスに深く感謝する。そして、アマチュア、プロフェッショナルを問わず、本書に掲載された写真を撮影した写真家たちにありがとうと言いたい。そしてこれからも空を見続けて下さい！

訳者あとがき

　人間はつねに新しい発見・刺激を求める生物である。そして、雲や空の現象は、大昔からこれらの欲求に対してつねに新しい材料を提供し続けてきた。

　本書は世界中で撮影された美しく、不思議で、そして「とんでもない」雲や大気の現象だけを集めた珍しい本である。どの写真を見ても「このような雲(空)を見たことがある」と言う人はほとんどいないだろう。しかし、これらドラマチックな雲や気象現象は間違いなく私たちの住む地球上のどこかで現実に起こっているものなのだ。

　大都会から遥か辺境の離島、そして宇宙船まで、世界のさまざまな場所で撮影されたこれらの写真を眺めていると、不思議と自分が写真家と一緒に、雲を求めて地球のあらゆる地域を旅しているような気分になる。

　本書のすばらしさは、世界中にいる多くの雲愛好家たちによって撮影された、雲のバリエーションの豊かさ、現象の強烈さにある。また、珍しい現象の気象衛星画像や、国際宇宙ステーションからの写真、台風の目の中からの写真など、一般の個人では入手の難しい写真が多く掲載されている点も大きな魅力だ。これも英国気象局が制作に協力した本書だからこそできたことなのだろう。

　さあ、本書を開いて、世界の空を楽しむ旅に出かけよう！　そして、旅を終え、本を閉じて現実世界に戻ったとき、あなたが見上げる空にはきっと新しい発見が待っているはずだ。

　なお、本書を訳するにあたり、いくつかの雲や現象の名称については日本語に適切な訳語がなかったり、英語圏での名称とその和訳では用語の使用法の混乱が見られるものがあったため、訳者の判断によって適当な訳語を当てはめたものがあることをお断りしておく(例えば、p.127 "pyrocumulus"、p.120, p.128-129 "fumulus"、p.30-31, p.100, p.101 "fall streak hole"など)。

　また、本書を訳出する機会をくれた草思社編集部の久保田氏、翻訳作業中、居酒屋で飲みながらさまざまなアドバイスをくれた英語の名手、正村泉一氏に感謝したい。

2011年8月
村井 昭夫

解説
リチャード・ハンブリン
Richard Hamblyn

1965年生まれ。サイエンス・ライター。エセックス大学およびケンブリッジ大学卒。その著書『雲の「発明」』（邦訳は扶桑社刊）はLAタイムズ賞を受賞、サミュエル・ジョンソン賞の候補作となった。ロンドン在住。

制作協力
英国気象局
Met Office

1854年に設立された、気象と気候に関する世界で最も権威ある機関のひとつ。英国民に天気予報と気象警報に必要な情報を提供することを主な業務とする。また英国政府やその諸機関のさまざまな重要事項を支援している。気候変動に対応する新しい科学や事業の研究・開発も続けている。

翻訳
村井昭夫
むらい・あきお

石川県金沢市生まれ。信州大学卒。気象予報士No.6926。雲好き高じて気象予報士に。日本雪氷学会、日本気象学会会員。Murai式人工雪結晶生成装置で2007年日本雪氷学会北信越支部雪氷技術賞受賞。著書に『雲三昧』（橋本確文堂）、『雲のカタログ──空がわかる全種分類図鑑』（共著、草思社）がある。

驚くべき雲の科学

2011©Soshisha

2011年9月30日　第1刷発行

解　説　リチャード・ハンブリン
訳　者　村井昭夫
装幀者　Malpu Design（清水良洋＋渡邉雄哉）
発行者　藤田　博
発行所　株式会社 草思社
　　　　〒160-0022　東京都新宿区新宿5-3-15
　　　　電話　営業 03(4580)7676
　　　　　　　編集 03(4580)7680
　　　　　　　振替 00170-9-23552

印　刷　日経印刷株式会社
製　本　大口製本印刷株式会社

ISBN978-4-7942-1852-0 Printed in Japan　検印省略
http://www.soshisha.com/

Extraordinary Clouds; Skies of the unexpected from the beautiful to the bizarre
by Richard Hamblyn
Copyright©Richard Hamblyn, David & Charles, 2009
Japanese translation rights arranged with
David & Charles Ltd., Devon, England
through Tuttle-Mori Agency, Inc., Tokyo